Verständliche Wissenschaft

Zwölfter Band

Aus den Werkstätten der Lebensforschung

Von

Paul Weiss

Berlin · Verlag von Julius Springer · 1931

Aus den Werkstätten der Lebensforschung

Von

Dr. Paul Weiss
Wien

1. bis 5. Tausend

Mit 11 Abbildungen

Berlin · Verlag von Julius Springer · 1931

ISBN-13: 978-3-642-89081-9 e-ISBN-13: 978-3-642-90937-5
DOI: 10.1007/978-3-642-90937-5

Softcover reprint of the hardcover 1st edition 1931

Inhaltsverzeichnis.

Vorwort und Einleitung.

Vorworte werden geschrieben, um gelesen zu werden. Dennoch überschlägt sie der Leser gern, als wären sie belanglos. Der Leser irrt: Das Vorwort spielt für das Buch die gleiche Rolle wie die Ouvertüre für die Oper; es will, teilweise schon mit den Mitteln und in der Sprache und Tonart des ganzen Werkes, den Leser in die Stimmung des Werkes einführen und ihn auf den Standpunkt stellen, von dem aus der Verfasser das Werk betrachtet wissen will. Wer im Gebirge ein Echo hören will, muß sich vom Führer die richtige Stelle weisen lassen; stellt er sich anderwärts, so hört er nichts. Das Vorwort will der Führer sein, und darum lese man es geduldig.

Das Vorwort enthält für gewöhnlich auch die Rechtfertigung, warum das Buch geschrieben wurde. Heutzutage wird so unübersehbar und unlesbar viel geschrieben, daß es manchem Verfasser zur Gewissenssache wird, seine Beteiligung an dieser Flut zu rechtfertigen. Für das vorliegende Büchlein möge das folgende zur Rechtfertigung dienen:

Man pflegt nicht zu bedenken, daß die Mehrzahl auch der gebildeten Menschen mit dem soliden Grundstock ihres allgemeinen Wissens um viele Jahrzehnte hinter der Gegenwart zurück ist. Man überlege bloß: Die Schule als die Quelle der Allgemeinbildung liegt für die meisten um eine mehr oder minder ansehnliche Reihe von Jahren zurück. Von den Lehrern hatte man den Lehrstoff auch nicht frisch, sondern im wesentlichen in der Form, wie sie ihn zur Zeit ihrer Ausbildung aufgenommen hatten, vorgesetzt bekommen. Rechnet man noch hinzu, daß die Ausbildung der Lehrer ja auch nicht schlankweg von den Quellen der Forschung erfolgt, sondern erst nach reiflicher Verarbeitung des Stoffes für den Lehrgebrauch, so erkennt man schließlich, daß das feste Gerüst allgemeinen Wissens, das jeder mit sich schleppt — fest vor allem durch die Wucht und Dauer, mit der es ihm eingehämmert worden ist —, aus längst vergangenen Tagen stammt. Also kennt man von jeder Wissenschaft gleichsam nur eine Art Jugendporträt von wenig Ähnlichkeit mit dem gegenwärtigen Aussehen. Mitzugehen, wie die Wissenschaften wuchsen, dazu hat meist Zeit und Gelegenheit gefehlt. Und so läßt man sich zwar ihre praktischen Ergebnisse, die sich ständig in das tägliche Leben eindrängen, gern gefallen, aber man nimmt sie hin wie exotische Früchte, die man auf dem Markt kauft, ohne zu wissen, wie und wo sie eigentlich wachsen.

Hier wird man einwenden: die Zeitungen! Jeder lese doch seine Zeitung, und da stehe ja alles Wissenswerte, alles Neue, aller Fortschritt drin! Nun, gewiß: die Zeitungen leisten, was sie können. Aber was können sie denn? Wie mit Blendlaternen leuchten sie plötzlich auf irgendein Stück wissenschaftlicher Leistung, bald hierhin, bald dorthin, daß der Weg ihrer Blitze schon förmlich dem Flug eines Irrlichtes gleicht. Und der Erfolg ist, daß danach als isolierte Einzelleistung bestaunt wird, was in Wirklichkeit aus tausendfältigen anderen Leistungen hervorgegangen ist, von tausend anderen getragen und mit ihnen untrennbar verwoben ist. Jede Bergspitze wird von einem Berg getragen. Nur, wenn man das Fundament im Dunkeln hält, kann es von der beleuchteten Spitze leicht heißen: geniale Einzelleistung! Man würde oft weniger staunen und richtiger urteilen, wenn man mehr verstünde. Man würde dann, wie dem unbekannten Soldaten, so dem unbekannten Gelehrten ein Denkmal setzen, der seine Schulter hat bieten müssen, daß andere auf ihr sich zu sichtbaren Höhen erheben konnten. Aber man versteht ja nicht und kann ja nicht verstehen. Man hat den Zusammenhang mit der Wissenschaft verloren, so daß man gar nicht mehr weiß, wie sie arbeitet und was sie leistet. Also hat man auch kein Urteil mehr.

Man hat den Zusammenhang mit der Wissenschaft verloren, weil man ihr gegenüber nur zweierlei Einstellung kennt: Gleichgültigkeit oder Staunen. Das soll so nicht bleiben. Der Mensch ist darin zeitlebens Kind, daß er mit etwas, das er als fremd bestaunen muß, sich nie so richtig anfreunden kann, daß er aber sogleich das herzlichste Verhältnis dazu gewinnen kann, wenn man ihm das vermeintlich Fremde vertraut macht, es ihm als Stück seiner eigenen Welt nahebringt.

Hier will dieses Büchlein eingreifen. Indem es zeigt, wie der moderne Forscher denkt und wirkt, will es ihn den übrigen Menschen, die ihn immer noch gern als verschrobenen Sonderling betrachten, näherbringen, will ihn ihnen als Fleisch von ihrem Fleische, als Geist von ihrem Geiste vorführen. In der Werkstätte des Forschers soll man die Wissenschaft kennenlernen, wie sie ist, als ein lebendiges Glied in der Kette der menschlichen Betätigungen. Man soll einen Maßstab gewinnen, wissenschaftliche Arbeit zwischen Abgötterei und Geringschätzung verständiger zu beurteilen und zu bewerten, als man gemeiniglich dazu in der Lage ist. Wo „verständliche Wissenschaft“ gebracht wird, soll nun einmal auch um „*Verständnis für die Wissenschaft*“ geworben werden.

Die Arbeit des Künstlers ist oft geschildert worden; Skizzen, erfolglose Anläufe, verworfene Entwürfe, Tagebuchvermerke haben uns von seinem Schaffen immer lebhaftere Kunde gewährt als die fertigen Werke. Von den Skizzen und Entwürfen des Gelehrten aber erfährt man nie — die sind zumeist nur Gedanken —, und von seinem Ringen, seiner Arbeit, seinen Enttäuschungen weiß man nichts. Darum lasse man sich nun auch einmal durch die Werkstatt des Forschers führen!

Und zwar durch die Werkstatt des *Biologen.* Biologe ist, wer das Leben erforscht. Nicht allein das menschliche Leben — „ein jeder lebt's, nicht vielen ist's bekannt“ —, sondern alles Leben, tierisches und pflanzliches, kurz: *das* Leben. Mit den Lebe*wesen,* mit Mensch, Tier und Pflanze, hat sich die Wissenschaft schon seit Jahrhunderten beschäftigt, zu den

Lebens*erscheinungen* aber hat sie erst spät den Weg gefunden, so recht eigentlich erst im letzten Jahrhundert. Daher ist Biologie eine verhältnismäßig junge Wissenschaft; nur sucht sie durch raschere Entwicklung die Verspätung ihrer Geburt wettzumachen. Keine andere Wissenschaft hat denn auch in den letzten Jahrzehnten so unerhörte Fortschritte gemacht wie sie. Keine andere kann uns aber auch so am Herzen liegen. Oder soll es uns nicht quälen, daß wir von unserem eigenen Dasein weniger wissen als etwa von den Sternen am Himmel und ihren Gesetzen? Daß wir die unbelebte Natur schon beinahe schrankenlos beherrschen, Kräfte von Elementargewalt in ihr entfesseln oder bändigen können, wie es uns beliebt und nützlich ist, während wir mit dem Leben noch vor kurzem nicht viel anderes anfangen konnten, als es zerstören? Und dann: es gibt ja überhaupt kaum ein Gebiet menschlicher Betätigung, in dem nicht in letzter Instanz der Biologe berufen sein könnte, mitzureden, ist ja doch schließlich jede menschliche Betätigung Betätigung eines Lebewesens, also letzten Endes Lebenserscheinung.

Der Leser wird also durch Werkstätten der Biologie geleitet werden. Wohlgemerkt: durch Werkstätten, nicht durch ein Museum! In jeder Werkstatt liegt Begonnenes, Vollendetes und Vernachlässigtes kunterbunt durcheinander, es riecht nach Arbeitszeug. So soll es auch liegenbleiben, während wir durchwandern. Eine Werkstatt, die für angesagte Besucher sonntäglich frisiert und in Ordnung gebracht worden ist, wirkt tot und träge. Der Leser soll aber doch gerade ein lebenswahres Bild erhalten; da muß er schon ein bißchen Unordnung in Kauf nehmen. Auch die Beispiele, die den Stoff veranschaulichen sollen, werden nicht immer Paradebeispiele sein.

Es gibt natürlich viele Arten, Biologie zu treiben. Also werden wir auch in mehrere Werkstätten hineinleuchten müssen; nur nicht in allzu viele, damit nicht anstatt Verständnisses Verwirrung erzielt wird. Vollständigkeit zu bieten, eine Art Gewerbeschau, ist durchaus nicht Absicht dieses Büchleins.

Manche Lebenserscheinungen untersucht man besser an der Pflanze, andere besser an Mensch oder Tier. Trotzdem sind im folgenden die Beispiele hauptsächlich aus dem Tierreich herausgegriffen, aus dem einfachen Grunde, weil das mein eigenes Arbeitsgebiet ist und es bei einem Unternehmen wie dem vorliegenden geraten erscheint, die Allseitigkeit hinter der Eindringlichkeit der persönlichen Erfahrung hintanzusetzen. Wünschenswert wäre es ja, wenn jeder Biologe in Tier- und Pflanzenreich gleichermaßen zu Hause wäre; es ist nun aber einmal nicht so.

Man erwarte auch nicht, daß alle Schilderungen, alle Beispiele „interessant" sein werden in dem Sinn, wie man das Wort fälschlich zu verstehen gewohnt ist; man pflegt es nämlich gern mit „sensationell" zu verwechseln. In der stetigen Arbeit gibt es selten Sensationen. Interesse aber auch für dasjenige zu wecken, was nicht als Sensation in grelles Licht gerückt zu werden weder vermag noch will, ist eine der Hauptaufgaben dieses Büchleins.

Von einem Zoologen, von einem Botaniker trägt jeder doch eine gewisse Vorstellung mit sich, eine Vorstellung freilich, die sich oft genug mit jenen sattsam bekannten Karikaturen deckt, in welchen bebrillte Narren dargestellt erscheinen, die mit Schmetterlingsnetz und Botanisiertrommel die Natur abgrasen und heimtragen. Von einem *Biologen* aber hat man bis nun noch kein rechtes Bild. Wenn dieses Büchlein erreicht, daß sich über ihn nicht eine gleichermaßen närrische Vorstellung in den Hirnen festsetzt, so hat es seinen Zweck erfüllt.

Biologie heißt zu deutsch: Lebenskunde. Sucht man in Lehrbüchern nach näherer Begriffsbestimmung, so verirrt man sich in lehrhafte Einteilungsprinzipien, die für den Zweck, für den sie geschaffen wurden — d. i. für den Unterricht und für die wissenschaftliche Verständigung —, unentbehrlich sind, die aber mehr Erstarrung als Belebung in den Deckbegriff Biologie bringen und nicht danach angetan scheinen, uns hier, wo ein lebendiger Einblick ins Volle gewährt werden soll, zu nützen. Dort heißt es dann sicherlich weiter: „Die Biologie zerfällt in..." — folgt eine Aufzählung aller der Teilwissenschaften, die dazugehören — Anatomie, Physiologie, Biochemie, Genetik, Zoologie usw. usw.; und jede dieser „zerfällt" wieder, und am Ende hat man „die Teile in der Hand, fehlt leider nur das geistige Band".

Das alles ist für unsere Zwecke hier von wenig Wert. Um eine Berglandschaft ehrlich zu genießen, braucht man nicht erst die Namen der Gipfel zu kennen. Wir wollen uns hier auch gar nicht an irgendein Einteilungsschema der Biologie kehren. In Wirklichkeit „zerfällt" ja auch gar nicht die Biologie in soundso viele, reinlich abgrenzbare, griechisch benannte Teilstücke, sondern im Gegenteil wächst sie überhaupt erst aus der innig sich durchflechtenden Gemeinschaftsarbeit aller dieser vermeintlichen Teile hervor, wächst von Jahr zu Jahr durch Beiträge aus Wissenschaften an, deren Mitwirkung man bei jener lehrhaften Einteilung noch gar nicht erwogen hatte, und steht so schließlich vor uns gleich einem Gebirge, dessen Erscheinung zwar durch die Einzelberge wesentlich bestimmt ist, bei dem aber weder eine scharfe innere Gliederung noch eine genaue Abgrenzung gegen die Umgebung wahrgenommen werden kann. Ebenso verschwimmen die Grenzen der biologischen Teilwissenschaften gegeneinander, und kein starrer Umfang der Biologie als ganzer ist angebbar. Es ist also auch schwer, klipp und klar darzulegen, was alles Biologie ist, wer alles Biologe genannt zu werden hat und welche Werkstätten mit Recht einer ideellen Gewerkschaft von Lebensforschern zugezählt zu werden verdienen. Klipp und klar — so nach dem Schema: erstens, zweitens, drittens, Punktum —, wollen wir es denn auch gar nicht erst versuchen.

Andererseits: Völlig ohne Anleitung läßt sich keinerlei moderner Betrieb mehr durchschauen und begreifen, auch der der Wissenschaft nicht. Wie sehr ähneln nicht für das Auge des Uneingeweihten die Maschinenhallen der verschiedenartigsten Industrien einander, wie wenig unterscheidet sich äußerlich ein großes Baubüro von einer Generalstabskanzlei! Zwar kein erschöpfender Lehrvortrag, aber erläuternde und auf den Stoff hinweisende Bemerkungen werden also oft notwendig werden.

Wenn wir einen orientierenden Rundgang durch eine Anzahl von Einzelwerkstätten unternehmen und uns den Eindrücken der verschiedentlichen Teilbetriebe hingeben, wird sich ganz unmerklich und ohne daß wir gewaltsam einteilen und ordnen müßten, ein lebendiges, wenn auch skizzenhaftes Bild der Biologie formen, und man wird danach den reichen Inhalt des Betriebes Biologie zwar nicht benennen können, aber deutlich fühlen; man wird eine Ahnung haben von der Vielfältigkeit ihrer Arbeitsstätten und Arbeitsweisen, und dann erst wird man mit wahrem Verständnis das der vielen Teilarbeit Gemeinsame zu erkennen und richtig zu bewerten imstande sein.

Wir machen uns also ohne viel Vorbereitungen auf unseren Rundgang.

In den Werkstätten der Biologie.

Die Produkte unserer Werkstätten sind am Ende immer geistige Ware: Erkenntnisse, Feststellungen, Verhaltungsregeln, Richtigstellungen, Erklärungen und neue Probleme. Der Stapelplatz der fertigen Waren ist in den Bibliotheken zu suchen. Was an Erfahrungen und Ereignissen, an Ergebnissen und Erzeugnissen wert ist, bewahrt und erhalten zu werden, wird gedruckt und kommt in dieser oder jener Form in die großen Bibliotheken. Die sind die Markthallen der Geisteswaren. Hier strömen die Erzeugnisse zusammen, aus der „stillen Gelehrtenstube" ebenso wie aus den großen modernen wissenschaftlichen Betrieben, hier werden sie nach Fachzugehörigkeit geordnet, und hier stehen sie nun zu Markte für jene, die ihnen Gedanken, Beschreibungen, Angaben, Zahlen, oder was sie sonst suchen mögen, zu entnehmen kommen. Aufgestapelt in endlosen Bücherreihen, liegen da die geistigen Leistungen der Vergangenheit bereit, der Gegenwart zu dienen.

Viel aber von dem, was da in den Bibliotheken haust, gerät in Vergessenheit. Stärker freilich als die nackten Tatsachenbeschreibungen sind der geistigen Verwitterung ausgesetzt die Urteile, Gedanken und Methoden, welche, zeitgebunden dem wissenschaftlichen Fortschritt dienend, durch diesen selber sich schließlich umbringen, welche, nachdem sie ihre Zeit gelebt haben, zu fruchtbarem Humus herabsinken, aus dem neue lebende Urteile, Gedanken und Methoden ihre Stoffe schöpfen.

Es kann nicht bezweifelt werden, daß es neben zeitloser *zeitgebundene* Wissenschaft gibt, daß immer neue „aktuelle" Fragen auftauchen, die allerdings für die Regsamkeit, mit der sie auftreten und behandelt werden, durch verkürzte Lebensdauer bezahlen müssen. Zeitlos ist sicherlich die Feststellung, daß Kalk und Phosphor die eigentümlichen Stoffe sind, mit denen der Körper beim Aufbau des harten Knochenskelettes arbeitet. Zeitgebunden aber ist die Beantwortung der Frage, *wie* der Körper gerade diese geeigneten Materialien heranschafft, verwertet und zurichtet; zeitgebunden ist die Beantwortung, denn sie wechselt ständig mit dem Fortschritt des Wissens. Zeitlos — und darum nicht mehr aktuell — ist sicherlich heute schon die Feststellung, daß alle uns bekannten Lebewesen aus Lebewesen hervorgehen. Zeitgebunden und umstritten aber war noch bis in unsere Tage hinein die Vorstellung, als ob selbst in der Gegenwart noch eine Urzeugung von Lebewesen niedrigster Art aus leblosem Material stattfinden könnte; und Aristoteles, der altgriechische Philosoph, hat gar Frösche und Fische noch aus Schlamm hervorgehen lassen. Was gestern noch Problem war, kann morgen entschieden sein, und wir erleben mit, wie umstrittene Fragen an Aktualität verlieren, indem sie allmählich zu einer einmütigen Beantwortung gebracht werden, indem an die Stelle wechselnder Provisorien ein Zustand tritt, der menschlicher Voraussicht nach als definitv bezeichnet werden kann. Das ist die große Richtung aller wissenschaftlichen Betätigung: vom Unsicheren, Provisorischen, Zeitgebundenen, beschränkt Gültigen hin zum Sicheren, Definitiven, Allgemeingültigen! Vom Unfertigen zum Abgeschlossenen, von Vermutungen, Annahmen und Möglichkeiten zu Einsichten und Entscheidungen! Nur wer diese Richtung sieht, für den *lebt* die Wissenschaft, für den bewegt sie sich vorwärts.

Auch das, was dort in den Büchern verstaut ist an Beschreibungen, Gedanken und Erklärungen, das sind alles nur Stationen dieser Bewegung, und wer den wissenschaftlichen Fortschritt nicht nur glauben, sondern erleben will, der muß in das Getriebe eintauchen und mit dem stetig fortschreitenden Strom ein Stück weit mitgehen. So wollen auch wir hier in den eben gerade vorbeirollenden, den „aktuellen“ Betrieb der Biologie einspringen. Was eben frisch aus dem Werk geliefert worden ist, dafür wollen wir uns vornehmlich interessieren.

Es existieren Hunderte von Fachzeitschriften, in welchen über Dinge gehandelt wird, die die Biologie angehen. Nach Jahrgängen gebunden, stehen sie in Reih und Glied auf den Regalen, von links nach rechts. Der jüngste Band, der letzte Jahrgang riecht noch frisch nach Kleister. Und an ihn anschließend, noch weiter rechts, stehen, selbst ans Leere, an die noch unerfüllte Zukunft grenzend, lose Hefte — Erscheinungen der letzten Monate. In diesen ist die Gegenwart eingefangen, sie sind der letzte Querschnitt durch den Strom der Forschung, sie muten uns förmlich an wie der Kopf des Stollens, der vom Menschengeist in das Reich der unbekannten Natur gebohrt wird — hier finden wir die Wissenschaft mitten an der Arbeit. Hier, an der Front, werden wir uns jetzt umtun.

Es gibt, sagten wir, in der Weltliteratur Hunderte von Zeitschriften, die sich mehr oder weniger unmittelbar mit biologischen Dingen beschäftigen. Solche Zeitschriften sehen sehr anders aus als die Blätter, die man im täglichen Leben als Zeitschriften kennt; davon werden wir noch hören. Jedenfalls sind sie sehr viel weniger amüsant zu lesen, und es wäre ebenso menschenunmöglich wie sinnlos, sie alle durchzustudieren. An biologisch berücksichtigungswürdigen Arbeiten erscheinen wöchentlich mindestens 200; das sind mindestens 2000 Druckseiten, eine Masse, die ein einzelner gerade noch zu überfliegen, aber keineswegs durchzulesen, geschweige denn zu studieren vermöchte. Und die Masse nimmt von Jahr zu Jahr noch lawinenartig zu. Bei solcher Fülle ist es freilich nicht einfach, sich einen Überblick über das Gesamtgebiet zu verschaffen. Aber es geht doch.

Hand in Hand mit der anschwellenden Produktion ist ja auch die Organisation, wie in anderen Betriebszweigen, so auch in der Wissenschaft „rationalisiert“ worden, und es gibt verschiedentliche Hilfsmittel, die den Überblick erleichtern helfen. So erscheinen beispielsweise Jahresberichte aus den verschiedenen Wissenschaftsgebieten, in welchen sowohl sämtliche im Jahr erschienenen wissenschaftlichen Veröffentlichungen des betreffenden Fachs angeführt werden, als auch von der Hand berufener Fachleute ein Überblick über die Fortschritte und Ereignisse des Jahres in knapp zusammenfassender Darstellung geboten wird.

Eine andere Hilfseinrichtung führt uns noch näher an die Ereignisse heran: die Referatenblätter. Das sind fortlaufend in Abständen von gewöhnlich zwei zu zwei Wochen erscheinende Hefte, in welchen die neuesten Arbeiten erwähnt, kurz besprochen und inhaltlich zusammengefaßt werden. Sie bringen also, wenn wir die Originalarbeiten unserer Werkstätten als geistige Waren bezeichnen durften, sozusagen die Warenproben. Gleichwie auf einer permanenten Messe findet man in ihnen Extrakte, Muster der neuesten Erzeugnisse. Man wird auf die neuesten Leistungen hingewiesen und mit ihnen bekannt gemacht. Die Referatenblätter bieten uns jedenfalls das frischeste und farbigste Übersichtsbild, das wir uns nur wünschen können. Blättern wir in ihnen, so fühlen wir uns mitten in die lebendige Arbeit der Forschung versetzt.

Blättern wir in ihnen!

„Berichte über die wissenschaftliche Biologie" heißt das Blatt, das uns angeht. In Amerika erscheinen in der gleichen Weise „Biological abstracts" (Biologische Auszüge) und in Frankreich „L'année biologique" (Das biologische Jahr). Die in- und ausländische Literatur wird darin nach Möglichkeit und nach Wichtigkeit berücksichtigt; allein in unseren deutschen Berichten findet man den Inhalt von 1700 wissenschaftlichen Zeitschriften laufend verarbeitet. Die einzelnen Besprechungen erscheinen dabei nicht kunterbunt, sondern nach engerer Fachzugehörigkeit angeordnet. Ein Blick auf die Anordnung, auf das Inhaltsverzeichnis, gewährt den besten Eindruck von der Vielfältigkeit biologischer Angelegenheiten. Es sei darum das Inhaltsverzeichnis eines solchen Berichtheftes hier unverändert abgedruckt:

Einteilung.

Allgemeines

Methodik (Methoden der vergl. Morphologie, Mikrotechnik, Methoden der vergl. Physiologie, Halten und Züchten biologischer Objekte, wissenschaftliche Photographie)

Physikalische und chemische Grundlagen der Lebensvorgänge (Ionenwirkungen, Osmose, Permeabilität, Kolloidchemie, Biochemie, experim. Pharmakologie, Strahlenwirkung)

Zellen- und Gewebelehre
- Morphologie und Physiologie der Zellen und Gewebe (Cytologie, allgemeine Histologie, Histopathologie)
- Keimzellen
- Einzellige (Cytologie)

Vergleichende Morphologie
- Organographie der Pflanzen
  - Thallophyten
  - Kormophyten
    - Vegetationsorgane
    - Fortpflanzungsorgane
- Vergleichende Anatomie der Tiere
  - Allgemeines
  - Integument
  - Skelet
  - Bewegungssystem
  - Organe der Ernährung
  - Drüsen (Exokrin- und Endokrindrüsen als selbständige Organe)
  - Gefäßsystem, Leibeshöhlen, blutbildende Organe
  - Atmungssystem
  - Nervensystem, Zentren
  - Sinnesorgane
  - Harn- und Geschlechtsorgane

Entwicklungsgeschichte

Systemlehre, Palaeobiologie, Stammesgeschichte

Vergleichende Physiologie
- Allgemeines
- Stoffwechsel
  - Ernährung (Stoffaufnahme, Assimilation)
  - Stoffwanderung (Wasserhaushalt der Pflanzen; Lymph- und Blutkreislauf der Tiere)
  - Atmung (als Organfunktion)
  - Ausscheidung (Sekretion, Excretion)
  - Baustoffwechsel
  - Betriebsstoffwechsel, Gaswechsel
  - Gesamtstoffwechsel, Wachstum
- Hormonlehre
- Bewegungs- und Reizerscheinungen der Pflanzen
- Bewegung, Reiz- und Sinnesphysiologie der Tiere
  - Bewegungslehre
  - Allg. Muskel- und Nervenphysiologie
  - Zentren
  - Sinnesorgane
  - Färbung und Farbwechsel
  - Tropismen
  - Das Verhalten der Tiere. Vgl. Psychologie
- Formwechsel
  - Physiologie der Fortpflanzung und Befruchtung. (Erscheinungsformen der Sexualität, Paarung, Zeugung, Befruchtung, Brutpflege)
  - Physiologie der Entwicklung, Wachstum. (Entwicklungsmechanik, Embryophysiologie, embryonal. Wachstum, larvales Leben, Metamorphose, Regulationen, Mißbildungen)
  - Vererbungslehre. (Allgemeine Genetik: allgem. Faktorenlehre, Letalfaktoren, Geschlechtsvererbung, Chromosomenlehre; spezielle Genetik: Faktorenanalyse spezieller Merkmale, Züchtungskunde, Vererbung beim Menschen)
  - Artbildung. (Biometrik, Konstitutionslehre, Anthropologie)
- Der Organismus als Ganzes
  - Allgemeine Serologie, Lebensrhythmen, Altern und Tod

Ökologie, Biogeographie
- Allgemeines
- Der Organismus und die anorganische Umwelt. Anpassung
- Der Organismus und die organische Umwelt
  - Biocoenosen
  - Symbiose
  - Parasitismus. Bakterieneinflüsse auf Pflanzen und Tiere
- Biogeographie
  - (Umwelteinflüsse nach geographischen Gegenden; Erdgeschichtliche Beziehungen der Flora und Fauna; Vorkommen und Verbreitung der Pflanzen und Tiere nach bestimmten Gegenden; Tierwanderung)

Monographien einzelner Arten und Gruppen

Vielerlei ist es, was da beisammensteht und Beachtung fordert. Manch ein Gebiet ist darunter, dessen Name dem Uneingeweihten nichts sagt und von dessen Inhalt er sich keine Vorstellung zu machen vermag. Was ist Histopathologie, was Integument, was sind Tropismen, was Letalfaktoren? Es ist aber für unsere Absicht hier auch ganz belanglos, ob man versteht, was die einzelnen Posten bedeuten; die Hauptsache bleibt, daß man einmal sieht, daß es *viele* Posten sind, und einen Begriff davon bekommt, welcher umfangreichen Aufgabe sich die Biologie gegenübergestellt sieht.

Und nachdem der Leser nun einmal diese verwirrende Fülle von außen hat auf sich wirken lassen, folge er uns mitten hinein in den Betrieb! So wie der Werkmeister, welcher Fremde durch Fabrikhallen leitet, da und dort auf die Arbeitstische langt, um halbfertige Dinge vorzuweisen — angeschliffene Glasblöcke, die auf dem Weg sind, Brillengläser zu werden; angedrechselte Holzklötze, denen man es gerade erst anmerkt, daß sie zu Schuhleisten bestimmt sind; angefräste Zahnräder, von denen man noch gar nicht weiß, welchem Dienst sie geweiht sein sollen —, so seien auch hier für den Leser aus der Fülle des in Bearbeitung befindlichen Stoffes der Gegenwart da und dort Proben entnommen; dabei wollen wir, um nur irgendwelcher Linie zu folgen, uns an die Hauptpunkte der Einteilung des Referatenblattes halten.

Methodik

überschreibt sich da gleich zu Anfang ein Kapitel. Und es liegt fast ein Bekenntnis in dieser Einreihung. „Methode voran“, das scheint tatsächlich heutzutage für eine Unzahl von Biologen eine Art Leitsatz werden zu wollen. Methodik — das sind die Mittel und Wege, den Problemen zu Leibe zu rücken; Methodik ist zwar mehr als Technik, aber ist doch stets nur Mittel zum Zweck, Verfahren im Dienste von Aufgaben. Trotzdem drängt sie sich oft genug gewaltsam in den Vordergrund, erhebt sich über die Probleme und erschlägt sie.

Das mag nun zum Teil gewiß in der allgemein „technischen“ Einstellung unserer Zeit begründet liegen, in der kühnen Hoffnung, daß die Lösung aller Probleme letzten Endes nur eine Frage der Entwicklung und Verfeinerung der technischen Hilfsmittel sein möchte; aber restlos aus dieser Einstellung die gegenwärtige Herrschaft des Methodischen in unserer Wissenschaft herleiten zu wollen, wäre einseitig und ungerecht. Denn erstens bedeutet ja, wie gesagt, Methodik nicht allein Technik, sondern umfaßt auch die *geistigen* Mittel und Verfahren. So benötigen manche biologischen Teilgebiete, beispielsweise die Vererbungslehre oder die Rassenkunde, Gebiete, bei denen die Ergebnisse großer Zahlen von Einzelbefunden verwertet werden müssen, einen erheblichen Aufwand an mathematischen und statistischen Hilfsmitteln, um Fehlschlüssen aus dem Wege zu gehen; hier liegt das Methodische auf rein geistigem Gebiet, und auch in solchen Fällen, also nicht bloß im Technischen, hat es die Neigung, zu überwuchern. Zum zweiten aber entdeckt man bei genauerem Zusehen Notwendigkeiten, die in der Natur der wissenschaftlichen Entwicklung selbst begründet sind, und man lernt begreifen, warum in der Rolle und Bewertung des Methodischen die eigentümliche Wandlung so kommen mußte, wie sie kam.

Früher, da waren die *Probleme* gegeben und man suchte nach den geeigneten Methoden, um der Probleme Herr zu werden. Heute dagegen stehen oft *Methoden* im Ausgangspunkt, und man sucht nach den Problemen, die mit der eben gegebenen Methode behandelt werden könnten. Man hat nicht mehr vorwiegend einen bestimmten Plan und bereitet sich die Werkzeuge, sondern man hat Werkzeuge und fragt sich: Was kann ich mit diesen alles bearbeiten? Es sei von ungefähr daran erinnert, daß sich eine ähnliche Umstellung des Arbeitsplanes in manchen Industrien nach dem Weltkrieg abgespielt hat: Betriebe, die auf die Herstellung von Kriegsgerät eingestellt gewesen waren, mußten sich mit einemmal von ihrer ursprünglichen Aufgabe abwenden; vorhanden waren die Betriebsmittel, vorhanden war die Organisation, gegeben waren also die Methoden — fehlte allein eine neue Aufgabe, und die mußte schnell gesucht werden. Die Aufgabe wurde den Methoden und nicht die Methoden der Aufgabe angepaßt: Statt Waffen wurden jetzt Automobile erzeugt, und aus den Giftgasen stellte man, anstatt sie in Geschosse zu füllen, Präparate zur Bekämpfung von Wald- und Flurschädlingen her. Der Vergleich läßt uns die Gründe leichter erkennen, warum auch mancher wissenschaftliche Betrieb gegenwärtig lieber an der eingearbeiteten Methode festhält und die Probleme ihr anpaßt, statt an den Problemen festzuhalten und die Methoden zu wechseln. Die Gründe liegen auf der Hand. Nämlich:

Die Methoden sind heute im allgemeinen bereits dermaßen kompliziert und verfeinert, beanspruchen einen derartigen Aufwand an Apparaten, Verfahren und Übungen, daß es ein Verstoß gegen alle Ökonomie an Zeit und Mitteln wäre, wenn man solche umständlichen und kostspieligen Behelfe einrichten und sich von langer Hand in heikle, mühsame und viel Übung erheischende Manipulationen einlernen wollte, bloß um sie *einmal* vorübergehend anzuwenden. Das wäre ja denn doch gerade, als wenn einer, weil sein Schuh ein Loch hat, um es zu flicken, eigens das Schustern lernen wollte. Ökonomie zwingt also dazu, daß man einer Methode, die man einmal beherrscht, in der man eingerichtet und eingeübt ist, nicht so leicht untreu wird.

Ein Beispiel: Einer hätte Interesse daran gehabt, einen bestimmten verdeckten chemischen Stoff in einem bestimmten Organ nachzuweisen — es gibt eine ganze Menge Substanzen, deren Anwesenheit in einem Organ von maßgebender Bedeutung für die Leistung des Organes ist, und, für die Leistung Verständnis suchend, habe unser Forscher einem solchen Stoff nachgespürt. Nach langem Bemühen, nach viel Enttäuschung und Mißerfolg, mit viel Scharfsinn und Geduld sei es ihm, nehmen wir an, endlich gelungen, ein Verfahren zu ersinnen und auszubauen, durch das der gesuchte Stoff tatsächlich einwandfrei nachzuweisen ist. Nun hat er seine Aufgabe erfüllt, könnte sich zufrieden geben und anderen Aufgaben zuwenden, wenn — ja, wenn er nicht eben jetzt unversehens zum Beherrscher einer Methode geworden wäre. Der Stoff, der *eine* Stoff ist seine Spezialität geworden; das Verfahren, ihn nachzuweisen, ist seine Stärke, und er vermag es zu handhaben wie kein zweiter. Was ist die Folge? Er bleibt an seiner Methode kleben, faßt keinen anderen Gedanken als: wo er sonst noch überall seinen Stoff nachweisen könnte, geht alle Organe durch, nimmt die verschiedentlichsten Tiere vor, immer auf der Jagd nach seinem Stoff, verbessert seine Methode immer noch weiter zu höherer Sicherheit und Leistungsfähigkeit, und? Und ist am Schluß imstande und damit beschäftigt, dermaßen geringe und unbedeutende Spuren des Stoffes aufzufinden, daß sie vielleicht praktisch überhaupt nicht mehr in Betracht kommen; und hat natürlich auch ein sehr vollständiges Register der Existenzorte seines Stoffes geschaffen, wichtiger Existenzorte und nebensächlicher.

Es kann sein, daß er bei diesem konsequenten Vorgehen auf Erfahrungen und Entdeckungen von Wichtigkeit stößt, es kann aber auch sein, daß er sich in wenig fruchtbare Spielereien verspinnt und den Zusammenhang mit vernünftigen Problemen völlig einbüßt; dann gleicht er dem Knaben, der ein neues Federmesser zum Geschenk erhalten hat und es nun an allen Gegenständen, die ihm in den Weg kommen, ausprobiert. Wer nur das Ende voraussehen könnte! Da ja aber Forschung immer gerade dort betrieben wird, wo man das Ende eben noch nicht kennt, müssen wir mit Neugier und Erwartung auch den Unternehmungen solcher reiner Methodiker folgen und abwarten, was sie uns bescheren mögen. Und sei es, daß sie, wie Berthold Schwartz, der Mönch, Schießpulver finden, indes sie Gold suchen — sie können Nutzen stiften. Unser Beispiel schildert freilich einen Extremfall, aber die Neigung zu diesem Extrem wird von Tag zu Tag weniger selten; was Wunder also, daß die Methodik in unseren Berichten einen Ehrenplatz weit vorn einnimmt.

Greifen wir nun irgendeine Arbeit da als Beispiel heraus. Wir lesen da einen Titel (die Namen der Verfasser seien nicht genannt):

„Einige Beiträge zur Silber-Technik der Stückimprägnierung von Nerven.“

Was ist nun das? Man imprägniert Regenmäntel mit Gummi, man imprägniert Leder, Haare, Filz, um sie färbbar zu machen. Wozu aber imprägniert man Nerven?

Wir tun hier einen Blick in die Werkstätte des Histologen, des Gewebeforschers. Es sieht wirklich nicht viel anders aus, als würde auch hier Leder und Filz gefärbt: Tinkturen in Flaschen, Pulver in Gläsern und Paraffin in Schmelztiegeln beherrschen den Raum. Tatsächlich wird hier auch gefärbt. Getötete Körpergewebe werden gefärbt, nicht bloß gefärbt, sondern auch sonst noch in mannigfacher Weise behandelt; und der Zweck, dem zuliebe das geschieht, ist der folgende:

Jedes Stückchen Gewebe aus irgendwelchem Lebewesen ist, und wenn es unserem unbewaffneten Auge auch noch so gleichförmig erscheinen mag, von wundervoll kompliziertem Feinbau. Das sind ja bekannte Dinge. Die eigentlich lebenstätigen Elemente des Organismus, die Zellen, sind zumeist von solcher Kleinheit, daß sie erst bei mikroskopischer Vergrößerung erkannt werden können. Ihr Durchmesser mißt im allgemeinen um 0,02 Millimeter; aneinandergedrängt können sich also weit mehr als 2000 Zellen in die Fläche von 1 Quadratmillimeter lagern.

Viel wird von den Zellen gesprochen, und mit Recht, denn die wirksamen Arbeiter im Lebensbetrieb sind sie ja. Dadurch aber, daß man soviel von ihnen hört, läßt man sich leicht zu der Vorstellung verleiten, als ob jeder lebendige Organismus ausschließlich oder vorwiegend aus Zellen bestünde. Ich vermute fast, daß sich auch mancher Leser hier bei der gleichen Vorstellung ertappt. Nun, diese Vorstellung ist unrichtig, denn der Masse nach besteht der Körper — wenigstens bei den höheren Tieren — hauptsächlich aus nichtzelliger Substanz in Form von faserigen oder gallertigen oder harten Massen, von deren Mächtigkeit selbst in zellreichen Geweben man sich am besten einen Begriff macht, wenn man an Leder denkt; Leder ist nämlich nichts anderes als der nichtzellige Faserfilz der Haut. Form und Anordnung der Zellen, Lagerung und Verflechtung des nichtzelligen Grundgewebes und die eigentümlichen Beziehungen zwischen Zellen und Grundgewebe bestimmen die feine Architektur des Gewebes, ähnlich wie die Spinn- und Webart der Fäden den Charakter eines Kleiderstoffes bestimmt; nur ist das Bild im Körper unendlich komplizierter und mannigfaltiger. So kompliziert und mannigfaltig, daß man trotz jahrzehntelanger emsiger Arbeit von einer auch nur einigermaßen erschöpfenden Kenntnis noch weit entfernt ist.

Enorme Schwierigkeiten haben sich der Untersuchung entgegengestellt. Da sind zuerst die Beschränkungen, die einem der Gebrauch des Mikroskopes auferlegt. Das Mikroskop ist bei aller Vollkommenheit eben doch kein vergrößerndes Auge. Mit unserem Auge können wir den Gegenständen folgen, ans Mikroskop müssen aber die Gegenstände heran; sie müssen erst eigens zugerichtet, „präpariert“ werden, um der mikroskopischen Betrachtung zugänglich zu sein: sie müssen einigermaßen eben und gut beleuchtbar, am besten durchleuchtbar sein. Einfach unmittelbar hineinschauen in irgendein Stück am lebenden Körper kann man in der Regel also schon nicht. Es gibt zwar Objekte, bei denen so günstige Bedingungen vorliegen, daß sie einer unmittelbaren mikroskopischen Untersuchung zugänglich sind: dahin gehören alle die kleinen bis kleinsten durchsichtigen Lebewesen, die die Gewässer bevölkern, dahin gehören auch bei den höheren Tieren etliche leicht zugängliche Häute, die eben und dünn genug sind, um lebend und unbeeinträchtigt unter dem Mikroskop betrachtet werden zu können, beispielsweise die Schwimmhäute zwischen den Zehen des Frosches oder die zarten Flossensäume der Kaulquappen. Dahin gehört schließlich seit neuerer Zeit auch die Körperoberfläche, für deren mikroskopische Betrachtung im auffallenden Licht man taugliche Verfahren ersonnen hat — beispielsweise lassen sich an der Hornhaut des Auges am lebenden Menschen oder an den feinsten Blutgefäßen der Haut mikroskopische Forschungen gut anstellen. Aber die Objekte, die für eine solche einfache und unmittelbare Untersuchung geeignet sind, bleiben doch stets nur ein kleiner Sonderbezirk in dem gewaltigen Reich lebendiger Architekturen, das zu erforschen ist; der große Rest ist unmittelbarem mikroskopischem Einblick unzugänglich und muß förmlich erst ausgegraben werden.

Daß diese Ausgrabungen gemeinhin nicht möglich sind, ohne daß man dabei gerade das zerstörte, was man untersuchen will, nämlich den lebendigen Zustand, das ist auch so ein Prügel im Weg. Man kann nun einmal nicht nach Willkür Lebendiges zerschlagen, ohne es zu töten; da man aber doch eben zerteilen muß, um überhaupt untersuchen zu können, bleibt einem nichts anderes übrig, als eben Totes zu untersuchen und daraus dann nachträglich Rückschlüsse auf das Lebende herzuleiten.

Solchen Rückschlüssen wird man um so mehr Stichhaltigkeit zubilligen können, je geringer die Veränderungen sind, die der Übergang vom Leben zum Tod mit sich bringt. Der Forscher gleicht dem Kriminalisten; er muß alle Indizien beachten und richtig bewerten lernen. Auch der Kriminalist kann aber aus der Situation, die er an der Mordstelle vorfindet, nur dann richtige Schlüsse ziehen, wenn er die Gewähr hat, daß diese Situation seit der Tat keinen unbekannten Veränderungen ausgesetzt gewesen ist. Ebenso kann auch der Histologe nur dann aus dem Bild des toten Gewebes auf dessen lebende Erscheinung rückschließen, wenn das Tote möglichst lebenswahr erhalten geblieben ist. Das Bestreben des Histologen muß also auf das gleiche Ziel gerichtet sein wie das der alten Ägypter, welche durch die Balsamierung ihren Leichen das lebendige Aussehen retten wollten. Mumien aber gewähren in Wirklichkeit gar kein treues Bild des Lebens, einfach aus folgendem Grund:

Mehr als die Hälfte der Körpermasse selbst der höchsten Tiere, bei niedrigen Tieren und Jugendstadien gar über $^{9}/_{10}$, ist Wasser, das überall in den Geweben verteilt und gebunden ist und das mit zum Baumaterial des Körpers gehört. Wer je gesehen hat, wie ein hauchdünnes Plättchen Gelatine, mit Wasser versetzt, mächtig quillt und als Gallerte im Verein mit dem aufgenommenen Wasser eine geformte und keineswegs flüssige Masse bildet, wer dann bedenkt, in welchem Mißverhältnis in dieser immerhin formbeständigen Masse die Trockensubstanz der Gelatine zu der Unmenge eingelagerten Wassers steht, dem wird der große Wassergehalt der vermeintlich festen lebendigen Körpermasse nicht mehr so unbegreiflich erscheinen. Oder man erinnere sich an die eingetrocknete Schnecke, an den eingetrockneten Regenwurm am Wegrand und erinnere sich, zu was für unansehnlich schmächtigen Platten diese Wesen, die doch ganz ansehnliche Ausmaße besessen hatten, durch ihren Wasserverlust bei der Austrocknung geschrumpft waren. Das ist bloß noch die Mumie einer Schnecke, die Mumie eines Regenwurmes. Die Mumifizierung ist also, indem sie den Hauptbestandteil des Körpers, das Wasser, entkommen läßt, alles eher, denn geeignet, ein lebenswahres Bild des Körpers zu erhalten. Man hat also „nasse" Verfahren zur Konservierung ausfindig machen müssen.

Solche Verfahren zu finden, wäre gar nicht so schwer, wenn man nicht nebenher noch eine Unzahl anderer Umstände berücksichtigen müßte. Da muß man achthaben, daß das lebende Gewebe mitten in seiner vollen Lebenstätigkeit vom Tode gleichsam überrascht wird, so daß für einen allmählichen Absterbeprozeß, der das Bild verfälschen würde, keine Zeit bleibt; daß auch keine Zeit bleibt für Reaktionen des Tieres, die das fixierte Präparat wohl zu einem Zustandsbild höchster Erregung, aber nicht normaler ruhiger Tätigkeit stempeln würden. Wie schwer ist es doch, zu vermeiden, daß die Gewebe im Augenblick der Fixierung nicht durch den Reiz des Konservierungsmittels selbst zu den unliebsamsten Veränderungen veranlaßt werden, daß Muskeln nicht in stärkste Verkürzung, Farbzellen in übermäßige Ballung geraten, lose Zellen sich verkleben! Nur die rascheste Giftwirkung kann solchen Reaktionen zuvorkommen. Hat man aber endlich prompt wirkende Gifte ausfindig gemacht, die zugleich fähig sind, das wandelbare und hinfällige feine Gefüge des Gewebes haltbar zu machen, zur Erstarrung zu bringen, zu „*fixieren*" — steht man auch schon wieder vor einer neuerlichen Schwierigkeit: wie bei einem größeren Tier das Fixierungsmittel rasch genug in alle Ecken und Enden der Organe und Gewebe befördern? Eingeben oder einspritzen? Die Vergiftung brächte ja alsbald das Herz zum

Stillstand, und damit wäre das schnellste Verbreitungsmittel des Giftes im Körper, der kreisende Blutstrom, von vornherein ausgeschaltet. Trotzdem geht man nach Möglichkeit in den meisten Fällen so vor, daß man die Organe oder Gewebe, die untersucht werden sollen, einfach als ganze in die Konservierungsflüssigkeit einlegt, eventuell durch andauerndes Schütteln für beschleunigte Durchtränkung sorgt. Es gibt aber heiklere Fälle, wo es wesentlich darauf ankommt, so schnell wie möglich zu fixieren; da bleibt dann als einziger Ausweg, daß man selbst vom Herzen des toten Tieres aus unter künstlichem Druck das Fixierungsmittel durch die Blutbahnen treibt, eine Manipulation, die Geschick und Umstände erfordert.

Was hier geschildert worden ist, das ist immer noch erst der Anfang der umständlichen Kette von Maßnahmen, die notwendig sind, um ein Objekt für die eigentliche Untersuchung überhaupt erst vorzubereiten. Man glaube aber nicht, daß mit diesem ersten Schritt alle Schwierigkeiten überwunden seien; nein, die ganze Kette der nachfolgenden Maßnahmen stößt immer aufs neue auf die tückischen Widerstände einer widerspenstigen Materie, die dabei selbst dem aufgeklärten Naturforscher von Kobolden behext erscheinen möchte.

Da entdeckt einer z. B. plötzlich prächtige Kristalle im Gewebe, so wunderbar, daß er schon darüber staunt, daß noch kein anderer vor ihm sie entdeckt hätte — er stutzt, prüft nach, vergleicht und — muß schließlich enttäuscht erkennen, daß die schönen Kristalle mit dem Gewebe gar nichts zu schaffen haben, sondern sein eigenes Werk, künstliche Reaktionsprodukte des eingeführten Konservierungsmittels sind. Das ist kein Phantasiebeispiel; es ist nicht bloß einmal vorgekommen, daß man bestimmte Gebilde im Gewebe als eigentümliche Bestandteile des lebendigen Gefüges beschrieben und über ihre Rolle und Bedeutung lange Überlegungen angestellt hat — bis eines Tages die überraschende Lösung kam: daß die gemeinten Gebilde sowenig im lebenden Gewebe heimisch wären wie der Speck im Hasenbraten, daß sie vielmehr künstliche Flockungen und Gerinnsel, hervorgerufen durch den Fixierungsprozeß, darstellten. Und man möge auch nicht etwa glauben, daß das Geschichten aus einer historischen Vorzeit der Biologie sind; nein, heute stehen solche Streitfragen noch genau so lebhaft in Diskussion, und keineswegs etwa nur Fragen von untergeordneter Bedeutung. Nehmen wir z. B. bloß die Struktur der Nerven, zu deren Erläuterung die Abhandlung, von der wir oben ausgegangen sind, einen Beitrag liefern will.

Man hat in den einzelnen Nervenfasern, deren Rolle als Leitungswege der Erregung man kannte, nach „Drähten" gesucht, um das Bild eines Telegraphensystems zu vervollständigen, und man hat bei bestimmter Fixierungsweise tatsächlich solche Drähte gefunden: längsweise das Nervensystem durchziehende und einander an den Zentralstationen durchkreuzende feine Fäden. Aber obwohl diese Gebilde durch verschiedenartige Verfahren und mit großer Regelmäßigkeit dargestellt werden konnten, ist bis zum heutigen Tage die hartnäckige Kritik, die sie zu künstlichen, im Leben nicht vorhandenen und erst durch die Konservierung erzeugten Gebilden degradieren möchte, noch nicht endgültig zum Schweigen gebracht. Daß das eine Frage untergeordneter Bedeutung sei, kann nicht behauptet werden; denn es kann doch für unsere ganze Auffassung von den Vorgängen im Nervensystem, auf welchen sich letzten Endes ja selbst unsere seelische Existenz aufbaut, nicht belanglos sein, ob die Vorgänge in festen „Drähten" vor sich gehen oder in flüssigkeitsgefüllten Röhren, als welche sich die einzelnen Nervenfasern sonst präsentieren.

Wir übergehen die Stufen der Behandlung, die sich an die Fixierung anschließen. Wir finden am Ende — der Weg bis dahin dauert Tage bis Wochen — das Objekt, das Gewebe- oder Organstück oder auch, wenn es nicht zu groß ist, ein ganzes Tier, säuberlich in einem durchsichtigen oder durchscheinenden Block aus einer leicht schneidbaren Masse, Zelloidin oder Paraffin, eingelassen, den Block aber in einer eigenartigen Maschine, einer Art kleiner horizontaler Guillotine, eingespannt. Diese Maschine ist das Mikrotom, ein Apparat mit einem fein geschliffenen Messer, mittels dessen der Block mit dem eingeschlossenen Präparat in parallele Scheiben zerlegt werden kann. Wie mit einer Wurstschneidemaschine wird Scheibe für Scheibe abgehobelt, Scheiben von solcher Feinheit, daß ihrer mehrere Hundert übereinandergelegt erst 1 mm Höhe erreichen. Die einzelnen Scheiben werden nebeneinander auf gläserne Objektträger geklebt.

Ein kleines Tier von wenigen Zentimetern Länge, etwa eine größere Kaulquappe, zerfällt bei einer Zerlegung in Querschnitte von 0,005 mm Dicke in nicht viel weniger als 10000 Scheiben; es gibt Beschäftigungen, die amüsanter sind, als diese Zerlegung vorzunehmen. Wenn man wenigstens währenddessen träumen und seine Arme mechanisch hobeln lassen könnte! Aber nein, sowie man mit der Aufmerksamkeit ein bißchen abirrt, ist schon auch der Schnitt verdorben, die Scheibe verknittert oder zerrissen, am Ende gar das Präparat beschädigt. Überall lauern Tücken: Bald ist da ein Knochenstück, das, nicht genug schneideweich geworden, dem Messer widersteht und, die weichen Gewebe zerfetzend und dem Messer eine Scharte versetzend, absplittert; ist ein andermal der Knochen weich genug, dann ist gewiß dafür im Magen des Tieres ein Steinchen enthalten, das die Rolle des Zerstörers übernimmt; oder man hat endlich den Schnitt heil am Pinsel, um ihn auf den Objektträger zu befördern — da geht sicher die Zimmertür auf und die federleichte Scheibe entflattert auf Nimmerwiedersehen zwischen die Rippen des Heizkörpers. Das klingt vielleicht sehr heiter. Wenn man aber bedenkt, daß man aus den einzelnen Schnitten ein vollständiges Bild des ganzen Objektes ja nur dann rekonstruieren kann, wenn man sie vollzählig bewahrt hat, wenn man weiter bedenkt, daß der Untersucher aus der Rekonstruktion vielleicht das Ergebnis eines wochenlang fortgesetzten Versuches entnehmen zu können gehofft hat, dann wird man einsehen, daß einige solche heitere Ereignisse im Handumdrehen wochenlange Arbeit zunichte machen können.

Zu guter Letzt finden wir die Schnitte aber doch säuberlich ausgebreitet auf dem Objektträger, das Paraffin, das alle

Hohlräume des Gewebes erfüllt hatte, wird weggelöst, wir legen ein dünnes Deckgläschen über die Schnitte und besehen sie jetzt einmal im Mikroskop — denn man will doch nach all den vorbereitenden Prozeduren schon endlich etwas zu sehen kriegen. Also schauen wir einmal durch! Was sehen wir? Körner und Linien, hell in hell oder grau in

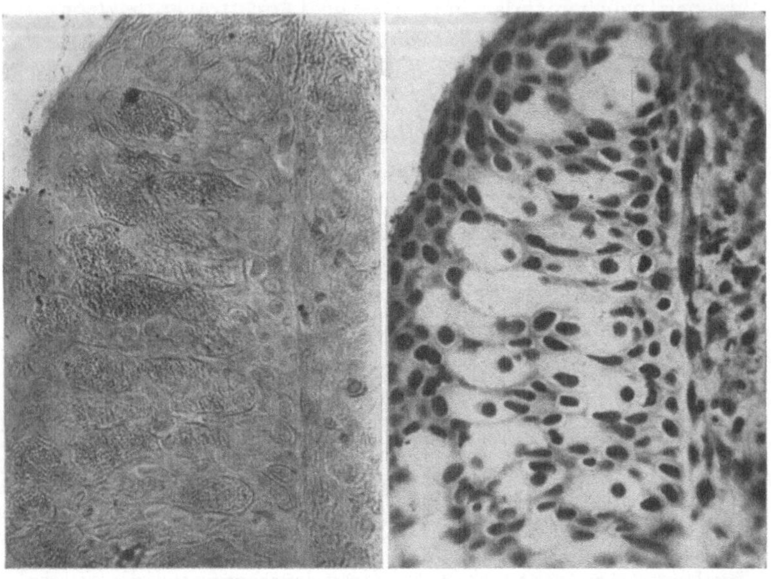

Abb. 1. Mikrophotogramm eines 0,01 mm dicken Schnittes durch die drüsenreiche Schwanzhaut einer Molchlarve. (Original.)

Abb. 2. Mikrophotogramm des gleichen Schnittes nach dessen Imprägnierung mit geeignetem Farbstoff. (Original.)

grau, bei stärkerer Vergrößerung ein verwirrtes und verwirrendes Chaos, in dem das Auge hilflos umherwandert, ohne es zu begreifen.

Abb. 1 gibt das Bild wieder. Körner sieht unser Auge; aber sind es Zellorgane (auch die Zelle hat ihre Organe!) oder sind es Stoffwechselprodukte oder gar Schmutzteilchen, die in das Präparat gedrungen wären? Fasern sieht unser Auge; aber ist es der Filz des Bindegewebes oder sind es Nervenfasern oder sind es am Ende Wollfasern des Lappens, mit dem das Glas gereinigt worden ist? Wesentliches wird durch Nebensächliches verschleiert und überdeckt, so daß weder eine klare Übersicht, noch auch die Wahrnehmung und Deutung von Einzelheiten möglich ist. Wir sehen zuviel und erkennen zuwenig. Und um dem abzuhelfen, hat man — und dahin wollten wir ja schließlich kommen — die verschiedenen Methoden der „*Imprägnierung*" der Gewebe mit Farbstoffen ausfindig gemacht; darum sieht es im Laboratorium des Histologen beinahe aus wie in einer kleinen Färberei.

Wir wollen jetzt einmal das gleiche Präparat, das wir eben ungefärbt besehen haben, mit einem bestimmten geeigneten Farbstoff behandeln und danach die gleiche Stelle wie vorher unter dem Mikroskop einstellen. Abb. 2 gibt wieder, was wir sehen. Wie anders, wie geordnet ist der Eindruck hier, wie deutlich ist die Gliederung, wie klar sind die Einzelheiten zu erkennen! In der Mitte jeder Zelle sehen wir jetzt deutlich ihr Hauptorgan hervortreten, den kräftig gefärbten Zellkern; scharf heben die Grenzen der Zellen sich ab, Hohlräume und Faserkränze werden deutlich. In dem ungefärbten Bild war von all dem nichts zu unterscheiden gewesen. Es erübrigt sich, mehr Worte zu machen; der unmittelbare Eindruck spricht besser.

Verdeutlichung ist aber nicht der Hauptzweck der Färbungen. Wichtigeres noch leisten sie als Erkennungsmittel. Das verhält sich so: Die verschiedenen Gewebe, die verschiedenen Bestandteile eines Gewebes und ebenso die verschiedenen Teile der einzelnen Zelle haben nicht alle die gleiche Neigung, einen bestimmten Farbstoff anzunehmen. Dieser Teil bevorzugt diesen, jener Teil jenen Farbstoff. Auf einem Fettfleck im Schreibpapier bleibt bekanntlich die Tinte nicht haften. Das Fett nimmt den wässerigen Farbstoff nicht an. Ähnlich wählerisch verhalten sich die einzelnen Gewebselemente und so gelingt es auch, sie voneinander zu sondern, bestimmte nach Bedarf hervorzuheben oder ungefärbt zu lassen. Durch Kombination mehrerer wahlweise wirkender Farbstoffe erhält man farbenprächtige Bilder, in welchen jede Gewebsart sich durch eine eigene Farbe hervorhebt: beispielsweise Oberhaut violett, Bindegewebe rot, Muskeln gelb, Knorpel blauviolett. So verhilft man sich zu sicheren Diagnosen.

Um Nervenfasern hervorzuheben, nützt man die Eigenschaft von Silbersalzen, die Nervenfasern zu imprägnieren, aus; ähnlich wie bei der Entwicklung der photographischen Platte gelangt Silber entlang der Faser zur Abscheidung (Abb. 3). Der Prozeß dauert viele Wochen lang, und die

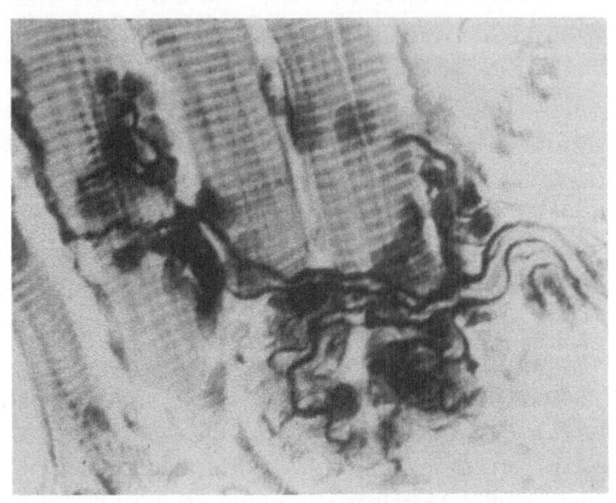

Abb. 3. Mikrophotogramm der Endigungsstelle einer Nervenfaser am Muskel. Durch Silberimprägnierung sind die Nervenfasern schwarz gefärbt und heben sich von der (übrigens an ihrer kennzeichnenden Querstreifung erkennbaren) Muskulatur scharf ab. (Original Kolmer.)

Ergebnisse können einen mit ihrer Launenhaftigkeit erbärmlich ärgern. Bald ist alles schwarz von Silber, bald wieder sind aus der ganzen Fülle von Nervenfasern bloß vereinzelte auserwählte gefärbt, und da man wochenlang auf das Ergebnis warten muß, sind Enttäuschungen um so bitterer.

Wie die Ergebnisse ausfallen, das hängt von so vielen, noch unbekannten Faktoren in den Geweben, ja auch in den Farbstoffen selbst ab, daß es noch lange dauern wird, ehe Glück und persönliche Erfahrung durch einfache und sichere Gebrauchsanweisungen vollwertig ersetzt sein werden. Immerhin, man ist auf dem besten Wege dazu. Einen Schritt vorwärts auf diesem Wege bedeutet die Arbeit über „*Silbertech-*

nik der Nervenimprägnierung", die wir als Beispiel für diesen Abschnitt herausgegriffen haben.

Still und wenig blendend sind die mühevollen Forschungen, die diesen Weg verfolgen; Stück für Stück bescheren sie uns aber Verbesserungen, durch welche die Präparierung tauglicher und verläßlicher wird, und wenn man sich klarmacht, wieviel Vergeudung an Zeit, Arbeit und Material anderen durch manche dieser Verbesserungen erspart wird, dann lernt man den Wert solcher Untersuchungen richtig einschätzen. Von der guten Imprägnierung eines Nerven bis zu den schwerwiegenden allgemeinen Fragen der Nerventätigkeit, der Lebenstätigkeit, ja schließlich des Seelenlebens, ist kein so weiter Sprung, wie man aufs erste denken möchte. Auch in der Feststellung und Bekämpfung mancher Infektionskrankheit wären wir wesentlich behindert, wenn nicht durch geeignete Imprägnierung ihr Erreger nachzuweisen und zu bestimmen gewesen wäre.

Gehen wir zum nächsten Kapitel über, das wir überschrieben sehen als:

Physikalische und chemische Grundlagen der Lebenserscheinungen.

Auch dieses Kapitel steht noch an sehr bevorzugter Stelle. Es stimmt, daß diese bevorzugte Stellung von der Mehrzahl der modernen Biologen gebilligt wird. Daß aus den physikalischen und chemischen Grundlagen heraus das Leben restlos verstanden werden könne, oder mit anderen Worten: daß das Leben keine anderen als die geläufigen physikalisch und chemisch faßbaren Erscheinungen als Grundlagen besitze, durch keine anderen als die in der *un*belebten Natur schon gegebenen physikalischen und chemischen Gesetze beherrscht werde, das ist die entschiedene Meinung oder doch wenigstens Hoffnung der Mehrheit.

Es kann hier nicht unsere Sache sein, uns in eine Erörterung dieser Meinung einzulassen, die ja an die tiefsten Probleme menschlichen Denkens rührt. Es kann das nicht unsere

Aufgabe sein, zumal ja das Für und Wider heutzutage weniger in den Werkstätten der Biologen als an den Schreibtischen der Philosophen beredet wird. Aber einige Bemerkungen scheinen doch angebracht. Folgendes sei dazu gesagt:

Physik und Chemie haben vor der Biologie einen sehr erheblichen Entwicklungsvorsprung voraus; es ist also nur begreiflich, daß die weniger fortgeschrittene Biologie mit den Fortschritten jener anderen Wissenschaften liebäugelt und sich deren erfolgerprobte Methoden und Denkrichtung verschreiben möchte. Diese Neigung hat die Biologie einerseits zu ihren gewaltigen tatsächlichen — weniger zu gedanklichen — Fortschritten in den vergangenen Dezennien geführt, hat aber anderseits manch einen Mißversteher zu wenig ersprießlicher — man kann es nicht anders nennen — Nachäfferei verleitet.

Physik und Chemie selbst haben am Lebendigen massenhaft Erscheinungen und Stoffe gefunden, die ihnen im Unbelebten nicht begegnet waren, die also dem Lebendigen eigentümlich sind, ohne es doch deshalb prinzipiell dem Bereich der Physik und Chemie zu entrücken. Beispielsweise sind die Eiweißstoffe etwas für die Lebewesen Kennzeichnendes, können aber durchaus mit den Mitteln der Chemie, sei es den geläufigen, sei es den eigens entsprechend erweiterten Mitteln, erforscht werden. Bis zu welchem Grade es in Zukunft gelingen wird, Lebenserscheinungen mit Physik und Chemie zu erfassen und aufzulösen, und ob am Ende ein nicht auflösbarer Rest zurückbleiben wird oder nicht, das vermag heute kein Mensch vorauszusehen, und wer dennoch bestimmte Prognosen stellt, macht den Wunsch zum Vater seiner Gedanken. Jedenfalls entspricht das Streben nach einer möglichst weitgehenden Zurückführung der Lebenserscheinungen auf bekanntere physikalische und chemische Erscheinungen nur dem gesunden Streben jeder wissenschaftlichen Tätigkeit, das weniger Bekannte auf das besser Bekannte zurückzuführen, und es zeugt von wenig Reife des Urteils, wenn der eine oder andere dieses Streben als eine Art Selbsterniedrigung der lebendigen Natur auslegen möchte.

Physik und Chemie sollen auch gar nicht die Biologie beseitigen, sondern sie soweit wie möglich ergänzen. Es bleibt aber dabei, daß im Lebendigen Gesetze herrschen, die für die Lebewesen zugeschnitten und kennzeichnend sind. Wenn auch alle Vorgänge an einem Lebewesen sich letzten Endes wirklich restlos auf physikalische und chemische Vorgänge sollten rückbeziehen lassen, so bleibt doch die Art, wie diese Vorgänge alle untereinander verkettet, in wohlbemessener Ordnung in den Dienst des ganzen Systems, sei das nun Zelle oder Organ oder Organismus, gestellt sind — bleibt das Wirken, das ein Chaos selbständiger und unverbundener Teilgeschehnisse zu einem höheren sinnvollen Geschehen ordnet und zusammenfaßt, in welchem nun, was früher unabhängig war, Diener wird — bleibt, um es mit einem einzigen Wort zu benennen, die „*Organisation*" der Lebewesen ureigenstes Forschungsgebiet der Biologie.

In welcher Weise freilich die Organisation verständlich zu machen ist, ob durch Hinweis auf vergleichbare Eigentümlichkeiten in leblosen Systemen, oder ob durch Annahme eigener, das Lebendige vom Leblosen grundlegend unterscheidender Prinzipien — die uralte Streitfrage: Mechanismus oder Vitalismus —, das zu entscheiden, ist bei ehrlicher Überlegung die Zeit heute noch nicht reif. Die Entscheidungen. die jeder einzelne trotzdem versucht, entspringen eher seiner persönlichen Denkveranlagung, wenn nicht gar seinen Gemütsbedürfnissen, denn einem verbindlichen Zwang von Tatsachen. In dieser Einsicht hat die moderne Biologie sich mit neuem Schwung auf die reine *Tatsachenforschung* geworfen, um das Material zu vermehren, die Kenntnisse zu erweitern, auf Grund deren man hofft, dereinst ein sichereres Urteil in jenen großen Prinzipienfragen abgeben zu können. Man macht seit neuestem öfters der Biologie diese aufs rein Tatsächliche gerichtete Einstellung zum Vorwurf, aber im großen und ganzen mit Unrecht; denn die Prinzipienfragen sind nicht aus dem Auge verloren worden, sondern bloß bescheiden zurückgestellt in Erkenntnis der Unzulänglichkeit des für die Beantwortung vorliegenden Materiales.

Das mußte hier gesagt werden, weil sonst die leidigen Zweifel an dem *Sinn* biologischer Bemühungen nicht zum

Schweigen kommen. „Wozu das ganze, wenn nicht dazu, die Kernfrage zu lösen: Was ist Leben?" — so fragt die Menge. Es geht ja immer noch letzten Endes um diese Kernfrage, ist die Antwort; mehr noch: es geht nicht bloß darum, die Lebenserscheinungen *kennen*zulernen, sondern darum, sie aus der gewonnenen Kenntnis heraus *beherrschen* zu lernen. Aber nachdem die ersten direkten Angriffe auf dieses Kernproblem wegen unzulänglicher Mittel nicht zum erhofften Ziel geführt hatten, hat man sich erinnert, daß mächtige Festungen nicht von einer Seite her und nicht ohne genügende Vorbereitung erstürmt werden können; man hat die Taktik geändert, schlägt Umwege ein und arbeitet sich erst einmal von mehreren Seiten her näher an das Ziel heran. Ich will nicht sagen, daß alle Truppen das Ziel noch sehen — aber die Führer haben die Festung nicht vergessen; freilich, Soldateska, die ziellos herumräubert im Felde der Lebenserscheinungen, gibt es daneben auch, aber die fehlt ja auf keinem Gebiet und zu keiner Zeit menschlicher Betätigung.

Wenden wir uns nun also den „physikalischen und chemischen Grundlagen der Lebenserscheinungen" zu, die, wie wir erwähnt haben, in der Tat ein wichtiges Forschungsfeld des Biologen darstellen. Gemeint ist natürlich nicht jede beliebige physikalische oder chemische Untersuchung an einem Lebewesen. Wenn ein Sperling aus dem Nest fällt, so fällt er nach denselben Gesetzen und Formeln zur Erde wie irgendein toter Körper; seinen Fall beobachten, ist nicht Biologie. Die Druckfestigkeit von Knochen messen, ist auch noch nicht eigentlich Biologie; oder man müßte andernfalls die Schulversuche über den Stoß elastischer Körper auch Biologie nennen, weil sie an Kugeln aus Elfenbein gezeigt werden. Die Messung der Lichtdurchlässigkeit der Haut kann aber schon Biologie sein: Sonne bräunt unsere Haut, wirksam ist dabei die Ultraviolettstrahlung; die Bräunung ist Bildung und Ablagerung eines dunklen Farbstoffes. Die Messung der Durchdringungsfähigkeit der ultravioletten Strahlen durch die Haut hat aber ergeben, daß ein nennenswerter Strahlungsbetrag gar nicht bis zu der tiefen Schicht der Farbstoffbildung durchdringt, daß mithin die Schwärzung keine unmittelbare Wirkung der Strahlen sein kann, wie etwa bei der photographischen Platte. Das ist schon durchaus Biologie.

Um nun aber wieder ganz im Aktuellen zu bleiben, greifen wir abermals eine bestimmte Arbeit neueren Datums heraus:

„Über die Wellenlänge und Intensität mitogenetischer Strahlung."

Mitogenetische Strahlen — das heißt zu deutsch: zellteilungserregende Strahlen. Ihre Entdeckung war zweifellos eine der größten Überraschungen der neuesten Zeit. Die Geschichte ihrer Entdeckung aber verdient unser Interesse aus mannigfachen Gründen: Erstens ist die Werkstätte, aus der die Entdeckung kommt, sozusagen das Gehirn eines einzelnen genialen Menschen. Es gibt heutzutage nicht mehr viel isolierte Leistungen in der Wissenschaft, Husarenritte sind selten geworden. Die meisten Spitzenleistungen sind bloß die Krönung einer im Grunde genommen kollektiven Leistung, sind eigentlich das Werk vieler, dem einer den Schlußstein setzt. Hier aber stehen wir vor dem seltenen Fall einer persönlichen Einzelleistung. Zweitens erinnert uns die Entdeckung, die der Biologie wie aus heiterem Himmel in den Schoß gefallen ist, wieder einmal daran, daß da noch manches ist, wovon wir keine Ahnung haben; wir sollen auf Überraschungen gefaßt bleiben und vorsichtshalber unsere Aussagen nicht so apodiktisch fassen, als ob wir schon alles wüßten. Drittens ist diese Entdeckung der schönste Beweis dafür, daß man in der Biologie noch sehr fundamentale Erscheinungen mit höchst einfachen Mitteln entdecken kann. Und viertens schließlich gibt sie Gelegenheit, zuzusehen, wie sich die Fachwelt gegenüber einem so außergewöhnlichen Ereignis verhält. Gründe genug, dem Leser näheres zu erzählen.

Ein Regentropfen an der Dachkante wächst, wächst und — reißt schließlich ab; er wächst durch die stetige Wasserzufuhr und reißt ab, bis die Kraft seines Zusammenhaltes durch die Schwerkraft überwogen wird. Eine Zelle wächst, wächst und — teilt sich schließlich entzwei; sie wächst durch Nahrungszufuhr und teilt sich, bis... ja, wann? Was veranlaßt sie zur Teilung? Eigenes inneres Vermögen oder Antrieb von außen?

Es war schon ein mächtiger Schritt vorwärts, als man chemische Stoffe nachwies, welche imstande sind, die Zellen irgendwie zur Vermehrung zu treiben. In welcher Weise solche Stoffe in den Teilungsmechanismus der Zelle eingriffen, war aber nicht entschieden. Hier münden nun, aus anderer Richtung kommend, die Gedankengänge unseres genialen Biologen ein.

Aus reicher Erfahrung schöpfend, mit bewundernswerter Folgerichtigkeit Schluß an Schluß reihend, kam er zu der Forderung: es müsse ein uns unbekannter Strahlungsprozeß da sein, der die Zellteilung auslöse. Und er forderte von der Natur, daß sie ihm diese Strahlung enthülle.

Der erste Versuch fiel bei aller Einfachheit ermutigend aus: Einem Frosch eine kleine harmlose Wunde an der Hornhaut des Auges beigebracht — das gibt, wußte man, in den nächsten Tagen rege Zellteilung in der Nachbarschaft; dann noch einen feinen strichförmigen Ritz in der Nähe der Wunde angebracht —, das konnte für von der Wunde her sich ausbreitende Erregungs*stoffe*, wenn solche im Spiel wären, kein Hindernis sein, wohl aber konnte eine *Strahlung*, die von der Wunde käme, daran abgeschirmt werden, so daß der Raum jenseits des Striches gleichsam im Schatten, unerregt, unerreicht von dem teilungsheischenden Einfluß, verharren müßte. Und tatsächlich: diesseits des Striches fand sich regste Zellteilung, jenseits, im Schatten, dagegen nur mäßige. Die Erwartung war bestätigt.

Welches Glücksgefühl in solchen Augenblicken die Seele des Forschers erfüllt, davon macht sich, wer es nie selbst erlebt hat, wohl schwerlich einen Begriff. Nur ahnen mag ein Teil der Menschen etwas von diesem Glücksgefühl der geistigen Entspannung durch glatte Lösungen, denn der letzte Ausläufer dieses Gefühls ist die Freude am Rätselraten und Lösen.

Zweifellos scheint ein Ergebnis, wie das geschilderte, dem Forscher, der es erwartet und vorausgesagt hatte, der *einzig* richtige und passende Schlußstein seiner Gedankenkette zu sein. Für ihn ist mit der Bestätigung seiner Erwartung auch die Berechtigung der Erwartung erwiesen. Wenn mich, so sagt er sich, meine Schlüsse zu der Annahme geführt haben, daß der Erreger der Zellteilung eine Strahlung ist, wenn ich dann ein Ergebnis vorhersage, das für die Richtigkeit dieser Annahme zeugen müßte, und wenn dann endlich dieses Ergebnis tatsächlich erzielt wird, so wäre es doch eine starke Zumutung, wenn ich dann nur an das letzte Ergebnis und nicht auch an die Richtigkeit meiner Schlüsse und meiner Annahme sollte glauben dürfen. Für ihn gilt also die Sache im Prinzip als bewiesen.

Aber damit, daß ein einzelner an eine Sache glaubt, ist der Wissenschaft schließlich noch nicht gedient; denn nur verläßlich Tragfähiges darf sie in ihren Bau einarbeiten. Der einzelne Forscher baut seine Schlüsse auf eigenen Erfahrungen und Deutungen auf, andere Forscher die ihren aber mit gleicher Berechtigung auf ihren eigenen abweichenden Erwägungen, und ein Einklang ist nicht so leicht zu erzielen. Man ist vorsichtig. Angenommen, das letzte tatsächliche Ergebnis, welches der Forscher selbst als die Krönung und zugleich Bewahrheitung seiner ganzen Schlußkette ansieht, stehe unbestreitbar fest. So läßt sich „die Wissenschaft" dennoch nicht sofort darauf ein, auch die Richtigkeit der Schlußkette anzuerkennen; vielleicht, meint sie, hätte das betreffende Ereignis auch aus ganz anderen Voraussetzungen abgeleitet und erklärt werden können. Wenn ein Illusionist dem Publikum vorgibt, er wolle jetzt ein Schock Eier legen, und wenn er dann tatsächlich Eier in Menge aus seinem Mund zu holen scheint, wird ihm deshalb doch niemand gleich glauben, daß er sie gelegt hätte. Die Wissenschaft hat Grund, sich vor Illusionen in besonderem Maße zu hüten, und darum ist sie gegen Ableitungen, die nicht eindeutig sind, höchst mißtrauisch. Mögen die Indizien auch noch so eindringlich in eine bestimmte Richtung weisen, man wartet doch lieber auf völlig sichere Zeugnisse und vertagt die Verhandlung der Angelegenheit. Dem Forscher bleibt es überlassen, inzwischen als Anwalt seiner Sache das Beweismaterial zu häufen und zu verstärken.

Für den Forscher selbst ist die kühl kritische Stellungnahme der Wissenschaft sicher stets ernüchternd, aber sie ist notwendig, sehr notwendig. Der einzelne fühlt sich zwar einer Masse gegenübergestellt, die in Schwung zu bringen ihm schwerer fällt, als er gedacht hätte. Die Masse aber andererseits, um deren Sicherheit und Haltbarkeit stünde es wahrlich schlimm, wenn sie auf den ersten Anstoß hin von jedem einzelnen gleich sollte ins Schwanken gebracht werden können. Was der einzelne, der sich daran stößt, Trägheit nennen möchte, ist im Grunde nichts anderes als Stabilität. Und indem die Masse „Wissenschaft" den einzelnen, der sie bewegen will, zu stets erneuten Anstrengungen zwingt, ist ihr Widerstand sogar förderlich. Wollte die Wissenschaft zu jeder neu verkündeten Errungenschaft gleich ja und amen sagen, dann wäre es um ihr festes Gefüge bald geschehen. Kritik, Kritik und immer wieder Kritik soll dafür sorgen, daß kein brüchiges Materialstück in dem Bau verwendet wird. An welche Grenzen die Vorsicht stößt, davon werden wir später noch allerhand hören; hier sollte nur gesagt sein, daß es berechtigte Vorsicht ist, wenn mit irgendeinem tatsächlichen Ergebnis nicht zugleich alle Voraussetzungen, aus denen es der Autor herleitet, approbiert werden.

Man wird diese Vorsicht begreifen, wenn man erfährt, daß es in der Wissenschaft tatsächlich schon öfters vorgekommen ist, daß richtige Erkenntnisse aus ganz falschen Annahmen abgeleitet worden sind. Ich greife ein Beispiel aus jüngster Zeit heraus: Es ist eine altbekannte Erscheinung, daß Molche ihre Gliedmaßen nach Verlust neu zu bilden imstande sind; geht einem Molch ein Bein durch den Biß eines Feindes verloren, so wächst an der gleichen Stelle alsbald ein neues Bein hervor, und nach abermaligem Verlust kann sich der Prozeß der Neubildung — man nennt ihn „Regeneration" — neuerlich abspielen. Es sieht nicht aus, als ob dem Tier ein solcher Verlust viel ausmachte, und ich kenne manches

Kind, das viel unmutiger ist, wenn ihm die Fingernägel geschnitten werden, als so ein Molch, wenn ihm ein Bein verlorengeht; schließlich wächst ja das Bein ebenso nach wie die Fingernägel. Und wenn man nun gar noch bedenkt, daß andere Tiere, wie Krebse, Heuschrecken, Spinnen, freiwillig Gliedmaßen abwerfen, Eidechsen freiwillig ihren Schwanz zerstückeln, braucht man sich nicht viel Gewissens daraus zu zu machen, wenn es einmal nötig wird, selbst Feind des Molches zu spielen und ihm ein Bein abzuschneiden, um den nachfolgenden Neubildungsprozeß zu studieren. Dieser Neubildungsprozeß ist nämlich für uns keineswegs etwa nur eine Kuriosität, ein Zirkusstück der Natur, das wir staunend immer aufs neue zu betrachten beliebten. Nein, er ist für uns eine von den wenigen bereits eröffneten Pforten, die in die Geheimnisse der Entwicklungs- und Formbildungserscheinungen hineinführen. *Daß* an der Stelle, an der ein Bein entfernt worden ist, ein neues sich entwickelt, das wissen wir; aber *wie* und *warum*, vermöge welcher Kräfte und Leistungen, mittels welcher Stoffe und Einflüsse die Neubildung erfolgt, das enthüllt sich uns nicht beim bloßen Zusehen; es durch tieferdringende Untersuchungen zu enthüllen, haben sich manche Wege als gangbar erwiesen, Wege, die am Ende zu einem wesentlichen Einblick in die allgemeinen Gesetze und in das Wirken der Entwicklungs- und Formbildungserscheinungen überhaupt hinzuleiten versprechen. Darum also nimmt der Biologe an den Regenerationserscheinungen ein bevorzugtes Interesse.

Nun hat man unter vielem anderen schon vor längerer Zeit gefunden, daß die Neubildung eines Beines ausbleibt, wenn die Nervenverbindung zur Wundstelle unterbrochen ist. Kein Zweifel also, die Nerven müssen mit der Formbildung zu schaffen haben — so schloß man. Und da man vom Nervensystem genugsam wunderbare Leistungen kannte, da man wußte, wie es den Körper beherrschte und regierte, fand man es nur ganz begreiflich, daß ihm auch bei den Formbildungsprozessen sozusagen das Kommando zustehen sollte als einer Art Bauleiter. Wie es das zuwege brächte, war zwar damit noch nicht geklärt, aber man war doch froh, wenigstens ein engeres Etwas im Körper abgegrenzt zu haben, das die entscheidende Befehlshaberrolle trüge.

Man experimentierte weiter: War die Nervenverbindung nicht völlig ausgeschaltet, sondern bloß beträchtlich gestört worden, so fand man nachher bisweilen Störungen in den Neubildungsprozessen; die Ergebnisse waren schwankend, doch trug man kein Bedenken, die positiven darunter herauszugreifen und als Stütze und Bestätigung der nun schon vertrauenerweckenden Annahme: das Nervensystem lenke die Formbildung, anzuführen. Schließlich, wie als glänzender Triumph dieser Annahme, erschien eine Arbeit, die von folgendem berichtete: Ein Bein war abgeschnitten, der Beinnerv aber war durch Operation freigelegt und so verlagert worden, daß sein Ende außerhalb des Beines unter die Körperwand, jedoch immer noch in die nächste Nachbarschaft der Beinbasis zu liegen kam. Was nun in den folgenden Wochen geschah, ist merkwürdig genug. Der eigentliche Beinstumpf, dem der Nerv entzogen war, verharrte ohne Neubildung, wie es ja von nervenlosen Beinen den älteren Ergebnissen gemäß durchaus zu erwarten war; dafür aber erhob sich über jener Stelle der Körperwand, an welcher der abgelenkte Beinnerv nunmehr endigte, ein kleines Knötchen, wuchs weiter, entwickelte sich kräftig und entpuppte sich immer deutlicher als ein richtiges neues Bein an falscher Stelle. Ja, auch wenn das normale Bein gar nicht abgeschnitten, sondern einfach nur sein Nerv unter die Körperwand abgeleitet worden war, sah man über der Endigung des Nerven ein neues, jetzt natürlich überzähliges Bein sich entwickeln.

Wer wollte da noch zweifeln, daß niemand anderer als der Nerv selbst es ist, der die Formbildung erzwingt, die in Neubildung begriffenen Gewebe planmäßig lenkt und leitet und ihnen ihre Anordnung, dem ganzen Gebilde seine Gestaltung durch sonderbare Einflüsse vorschreibt? Und dennoch: er ist es nicht! Gewiß, an dem tatsächlichen Ergebnis, daß über dem abgeleiteten Nerven ein Bein regeneriert worden ist, daran ist nicht zu zweifeln. Aber: falsch ist die Schlußkette, die zu diesem Ergebnis geführt hat, falsch ist die Annahme, daß der Nerv dafür die Verantwortung trüge, daß hier gerade ein Bein gewachsen ist, falsch die Annahme, daß der Nerv für dieses Bein gewissermaßen den Plan geliefert oder überhaupt nur in die Art und Weise des Neubildungsprozesses eingegriffen haben soll, falsch ist mithin fast alles, mit Ausnahme des Ergebnisses.

Eine Abwandlung der Versuche durch andere Forscher hat bald die richtige Aufklärung des Sachverhaltes gebracht. Der *Bein*nerv wurde nicht mehr in die Nachbarschaft des *Beines,* sondern in das Revier des *Schwanzes* abgeleitet und — über demselben Nerv, über dem sonst immer ein Bein entstanden war, regenerierte jetzt ein *Schwanz.* Mit einemmal war die Situation durchleuchtet; es war klar, daß der Nerv nicht das mindeste damit zu schaffen haben kann, *was* regeneriert wird und *wie* es regeneriert wird, daß er auf die Formbildung gar keinen bestimmenden Einfluß übt, sondern daß diese Einflüsse von der nicht nervösen Umgebung der Neubildungsstelle ausgehen. Liegt die Stelle in der Nachbarschaft eines Beines, so entsteht ein Bein, liegt sie am Schwanz, so entsteht eben ein Schwanz. Der Nerv liefert bloß irgendwelche Bedingung, die für das Gedeihen der Neubildung unerläßlich ist, so wie ja auch entsprechende Ernährung zum Wachstum nötig ist, ohne daß sie bestimmen würde, was wächst.

Für uns hier aber kann der Fall als Beleg dafür dienen, daß Annahmen, wenn sie auch zu einem Ergebnis führen, das ihnen scheinbar recht gibt, deshalb noch lange nicht richtig zu sein brauchen. Darum also — um wieder zu unserem eigentlichen Thema zurückzukehren — konnte man aus der Tatsache, daß der Wundreiz in der Froschhornhaut durch eine strichförmige Rille an der Ausbreitung gehindert wurde, noch nicht endgültig auf die Strahlennatur des Wundreizes rückschließen.

Beweise werden nicht überzeugender dadurch, daß man sie bloß wiederholt. Jeder, der selbst schon bemerkt hat, wie leicht man beim mehrfachen Überprüfen einer Rechnung stets in den gleichen Fehler verfällt, muß das anerkennen. Es gibt natürlich Forscher, die das übersehen und ihre Anschauungen, je öfter sie damit auf Widerstand und Ablehnung stoßen, desto häufiger und lauter — stets aber mit den gleichen Argumenten und ohne neues Beweismaterial — wiederholen. Wem aber an der Überzeugungskraft seiner Werke gelegen ist, der muß ihnen von *mehreren* Seiten her Unterstützung zu verschaffen suchen. Und so geschah es auch im Falle der zellteilungserregenden, „mitogenetischen", Strahlen.

Zunächst wurde das Objekt radikal gewechselt: statt der Hornhaut wählte man die Zwiebelwurzel, statt des Wundreizes jenen unbekannten Reiz, welcher die Zellen der Wurzel zu unausgesetzter Vermehrung anstachelt. Wer einmal Hyazinthen aus der Knolle im Glas gezüchtet hat, wie es hierzulande im Winter üblich ist, der hat sicher über das förmlich sichtbar schnelle Wachstum der aussprießenden Wurzeln gestaunt. Was gibt den Wurzeln den Antrieb zu solchem Wachstum? Unser Forscher vermutete: eben jene Strahlung, die irgendwo in der Knolle erzeugt sein mochte. So machte er sich an den direkten Nachweis.

Vermutungen über den Strahlengang sprachen dafür, daß ein Bündel der Strahlen die Wurzelspitze geradlinig in Richtung der Wurzelachse verläßt. Also wurde im Versuch eine Wurzel mit ihrer Spitze so gegen die Flanke einer anderen Wurzel gerichtet, daß durch die erstere eine bestimmte Stelle der letzteren gleichwie durch einen Scheinwerfer mit unsichtbaren Strahlen bestrahlt wurde. Einige Stunden blieben die beiden Wurzeln in dieser Lage. Dann wurde die bestrahlte fixiert, nach jenem komplizierten Verfahren, das wir im vorigen Kapitel kennengelernt haben, in dünne Schnitte zerlegt, gefärbt und mikroskopisch untersucht. Ergebnis: In der bestrahlten Hälfte der Wurzel war die Zahl der Zellteilungen um einen erheblichen Prozentsatz höher als in der unbestrahlten, im Strahlungsschatten liegenden Hälfte. Also abermals die Erwartung bestätigt! Selbst wenn die strahlende Wurzel durch einen Luftraum von mehreren Zentimetern von der bestrahlten Wurzel entfernt war, gelang der Versuch.

Waren jetzt noch nicht alle Zweifel behoben? Nein! Mußten es denn wirklich Strahlen, konnten es nicht vielleicht flüchtige chemische Stoffe sein, die aus der bombardierenden

Wurzelspitze austreten und die beobachteten Wirkungen üben? So entwickelte sich der nächste Schritt: zwischen die beiden Wurzeln mußte ein Körper zwischengeschaltet werden, der zwar für Strahlen durchlässig, für Stoffe aber undurchlässig wäre; war die streng örtliche Wirkung der einen Wurzel auf die andere auch dann noch nachzuweisen, ja, dann konnte an der Existenz einer Strahlung wohl nicht mehr gezweifelt werden. Was für ein Körper nun ist für den angesagten Zweck geeignet: durchsichtig, aber stoffundurchlässig? Beispielsweise Glas.

Also wurde abermals eine Wurzel mit ihrer Spitze gegen die Flanke einer zweiten orientiert, zwischen die beiden aber ein dünnes Glasplättchen eingeschoben. Wieder einige Stunden Versuchsdauer, wieder die tagelange Vorbereitung für die mikroskopische Untersuchung in hochgespannter Erwartung, schließlich abermals die mühsame Zählung aller Zellteilungen auf der vermeintlich bestrahlten und auf der unbestrahlten Seite und — endlich das Ergebnis: Nichts! Keinerlei Wirkung! Gleichmäßige Verteilung der Zellteilungen in beiden Wurzelhälften und keine, auch nicht die geringste Förderung auf der vermeintlich bestrahlten Seite! Das Gegenteil von dem, was erwartet worden war! Enttäuschung!

Unbestätigte Erwartungen enttäuschen immer. Aber der Forscher kennt solche Enttäuschungen zur Genüge und läßt sich durch sie nicht so leicht aus dem Konzept bringen. Auch die richtige Spur, sagt er sich, ist oft durch Gestrüpp verdeckt, und einige Stetigkeit auf dem einmal eingeschlagenen Weg tut not, wenn man zum Ziel kommen will. Also gerät er nicht gleich bei der ersten unerwarteten Schwierigkeit aus der Fassung, sondern sucht zunächst das überraschende Hindernis zu beseitigen oder zu überwinden.

Gewiß, Glas hatte sich nun einmal als undurchgängig für den zellteilungserregenden Einfluß erwiesen; aber war denn damit die Strahlungsnatur des Einflusses wirklich widerlegt? Oder war nicht vielmehr bloß entschieden, daß es nicht gerade Strahlen aus jenem engeren Bezirk sein konnten, für den Glas durchgängig ist? Wir wissen, daß Glas z. B. kurzwellige Ultraviolettstrahlung nicht durchläßt — hinter

Fensterscheiben bräunt die Sonne unsere Haut nicht mehr. Wie, wenn nun auch die gesuchte Strahlung aus der Zwiebelwurzel so kurzwellig wäre wie Ultraviolett, so daß sie beim Eintritt in das Glas verschluckt würde, ohne durchzudringen?

In diesem Falle brauchte man ja nur den Versuch in der Weise abzuändern, daß man zwischen die beiden Wurzeln anstatt des Glases einen Körper zwischenschaltete, der auch für kurzwellige Strahlen gut durchlässig wäre. Ein solcher Körper ist Quarz. Und als das Glasplättchen durch ein Quarzplättchen ersetzt war und als durch dieses Fenster hindurch die eine Wurzel wieder durch einige Stunden auf die Flanke der anderen gezeigt hatte, als dann neuerlich die umständliche Zurichtung für die mikroskopische Untersuchung erledigt und die Zahl der Zellteilungen festgestellt war — da fand sich nunmehr in der Tat die Erwartung aufs glänzendste bestätigt. An der maßgebenden Stelle war die Zahl der Zellteilungen merklich erhöht, dank einer Einwirkung der anderen Wurzel erhöht, und da diese Einwirkung durch ein Quarzfenster hindurch erfolgt war, bestand kein Zweifel mehr, daß es nur Strahlungswirkung sein konnte.

Mit diesen Ergebnissen schien der entscheidende Beweis für die Existenz einer dem Ultraviolettlicht ähnlichen Strahlung, welche, in lebendem Gewebe erzeugt, lebendes Gewebe zur Vermehrung reizt, erbracht — ein fundamentaler Beweis für eine, wie es scheinen mußte, fundamentale Lebenserscheinung. Der Phantasie bot die neuentdeckte Erscheinung reichlich Nahrung. Mußte nicht vorschnellen Träumern der Gedanke kommen, daß jetzt ein Schlüssel zum Verständnis von allerhand dunklen „Fernwirkungen" der Lebewesen gefunden wäre oder doch gefunden werden könnte? Allein, solche Phantastereien sind bodenlos.

Anstatt sich in Träumereien und Ausblicke zu verlieren, hält sich der Forscher an das wirkliche Objekt, rückt ihm enger an den Leib, besieht es von immer neuen Seiten und holt an Erkenntnissen heraus, was sich holen läßt. So wurde durch unvoreingenommene Untersuchung bald offenbar, daß die Strahlung nicht nur vom intakten lebenden Gewebe, sondern ebenso vom frisch bereiteten Brei des Gewebes geliefert wird, und fortgesetzte Versuche lieferten Hinweise darauf, daß es sich um eine verbreitete Begleiterscheinung gewisser chemischer Umsätze handeln dürfte. Weitere Forschungen suchten die Wellenlänge der Strahlung zu umgrenzen; obzwar die genauen Zahlenangaben noch strittig sind — gerade mit dieser Frage beschäftigt sich ja die zu Eingang dieses Abschnittes genannte Abhandlung —, scheint die Ähnlichkeit mit dem Ultraviolett doch festzustehen. Das erklärt nun freilich auch, warum der Versuch mit zwischengeschaltetem, für Ultraviolett undurchlässigem Glas ein negatives Ergebnis hat liefern müssen.

In dem Maße man nun nähere Kenntnis von dem ursprünglich rätselhaften Charakter der Strahlung gewann, schwand natürlich auch zusehends das Unbehagen, welches der Forscher wie jeder andere Mensch dem Fremden, Ungewissen gegenüber empfindet. Mit der Einreihung der Strahlung in die Ordnung der vertrauten physikalischen Erscheinungen war ja der Anschluß an das Wohlbekannte hergestellt, und für mystische Deutungen blieb kein Raum mehr. Dennoch mußte der Erscheinung zugestanden werden, daß sie etwas für die Lebewesen insofern Eigentümliches wäre, als sie durch chemische Umsetzungen gerade der lebenden Substanz erzeugt wird und zu einer erregenden Rückwirkung wieder auf lebende Substanz bestimmt, das heißt in den besonderen Dienst des Lebensgeschehens gestellt zu sein scheint. Abermals erfahren wir hier, daß der Biologe, auch wenn er die physikalische und chemische Analyse der Lebenserscheinung betreibt, damit das Lebendige doch noch nicht seiner Sonderstellung entthront; denn *welche* physikalischen und chemischen Erscheinungen, und die Art, *wie* sie am Leben teilnehmen, bleibt immer noch für das Lebendige eigentümlich.

Dadurch, daß die Wellenlänge der mutmaßlichen Strahlung einigermaßen umgrenzt werden konnte, war immerhin die Mutmaßung in den Rang höchster Wahrscheinlichkeit erhoben. Indem zugleich die Gefahr unfruchtbarer Spekulationen über das Wesen dieser Fernwirkungen gebannt war, mußten auch die warnenden Stimmen, welche sich gern allsogleich erheben, sobald eine wissenschaftliche Neuerung den Boden des unmittelbar Greifbaren und Vorstellbaren zu verlassen droht, schweigen. Es stehen ja jeder Neuerung, nicht nur in der Forschung, Bedenken zweierlei Art entgegen: prinzipielle und sachliche. Soll in einem Parlament eine neue Steuer beschlossen werden, so geht die Diskussion nicht bloß um ihre sachliche Zweckmäßigkeit, sondern es melden sich auf der Stelle gewisse allgemeine Prinzipien, mögen sie nun Demokratie, Konservativismus, Liberalismus oder sonstwie heißen, zum Wort und fordern Berücksichtigung. Ebenso existieren auch in der Biologie gewisse althergebrachte prinzipielle Standpunkte, und es gibt wohl auch Biologen, die lieber eine neue Entdeckung verleugnen, als ihren Standpunkt verlassen würden, wenn jene diesem nicht angemessen ist. Mechanismus und Vitalismus sind solche prinzipielle Postamente, von denen herab nicht selten über Möglichkeit oder Unmöglichkeit, Wert oder Unwert, Richtigkeit oder Unrichtigkeit einer Deutung, einer Erklärung, ja selbst einer Beobachtung dekretiert wird. Da die Partei des Mechanismus derzeit in der Mehrheit ist, dringt eine Neuerung leichter durch, wenn sie eine klare physikalische oder chemische Sprache spricht. Das Prinzip ist mit gedanklichen Schranken umgeben, die sich einer neuen Meinung erst öffnen, sobald diese ein prinzipiengerechtes Verhör bestanden hat. Solange es heißt: unerklärliche Fernwirkung aus lebenden Geweben, gilt die Parole: höchste Vorsicht und Mißtrauen! Heißt es aber danach: physikalisch definierte Strahlung, Wellenlänge bekannt, so ergeht der Bescheid: passiert!

So hatte also die neuentdeckte Erscheinung der teilungserregenden Fernwirkungen von Widerständen allgemeiner, *prinzipieller* Natur nicht mehr viel zu fürchten. Aber die *sachlichen* Bedenken waren damit keineswegs noch restlos zerstreut. Immer noch gab es Stimmen, die entweder die angewandte Methode bemängelten oder gar auf Grund eigener Experimente Widerspruch erhoben. Niemand stellte zwar mehr die Existenz der beobachteten Fernwirkungen an sich in

Frage, doch darüber, ob es sich um eine Strahlung oder eine Art Ausdünstung chemischer Natur handelte, war ein einmütiges Urteil trotz allem noch nicht erzielt. Man sollte meinen, daß die Durchdringungsfähigkeit durch Quarz den endgültigen Beweis zugunsten der Strahlennatur bedeutete. Gewiß, das bezweifelt niemand. Was man bezweifelt hat, ist vielmehr, daß in den oben beschriebenen Versuchen die gewisse Fernwirkung auch wirklich ihren Weg *durch* das Quarzfenster durch und nicht etwa *um* dieses herum genommen hätte.

Man hatte nämlich beobachtet, daß die Wirkung zwar auftrat, wenn das Quarzfenster, welches den den Strahlensender enthaltenden Raum abschloß, mit Vaseline angekittet war, daß die Wirkung dagegen ausbleiben konnte, wenn zur Abdichtung des Senderaumes ein hermetisch dichtender Kitt verwendet worden war. Offensichtlich war die Vaseline für flüchtige chemische Substanzen durchlässig gewesen, die auf diese Weise den Senderaum, den man dicht abgeschlossen wähnte, verlassen und an dem Empfänger ihre Wirkungen üben konnten. Obzwar nun dieses Versuchsergebnis unbestreitbar für eine Mitwirkung stofflicher Emanationen des Senders bei der Wachstumserregung des Empfängers sprach, war es doch auch wieder unmöglich, den Effekt etwa allein aus dieser stofflichen Wirkung zu erklären. Nämlich war auch bei hermetischer Abschließung des Senderaumes in der Regel ein Rest von Wirksamkeit festzustellen, und um diesen erklären zu können, blieb man wohl einzig auf die Annahme von Strahlung hingewiesen. Am Ende haben also beide Auffassungen recht behalten; wenigstens hat es in dem gegenwärtigen Stadium der Angelegenheit diesen Anschein.

Das ist oft das Ende eines wissenschaftlichen Streites, daß schließlich beide Teile recht behalten, indem sich herausstellt, daß sie gar nicht von dem gleichen Gegenstand oder von der gleichen Erscheinung Gegensätzliches verfochten, sondern einfach verschiedene Gegenstände oder Erscheinungen bearbeitet hatten. So ist beispielsweise einmal strittig gewesen, ob die Gelenke am Gliedmaßenskelett ihre streng ineinanderpassende Fügung und Form durch vererbte, in ihrer Wirkungsweise unbekannte Entwicklungsfaktoren oder aber erst durch ihre funktionelle Inanspruchnahme erlangen, indem sie gewissermaßen zurechtgeschliffen würden. Beide Auffassungen konnten mit überzeugenden Experimentalbeweisen aufwarten. Die erstere führte ins Treffen, daß in Beinen, denen durch Ausschaltung der Nerven die Bewegungsmöglichkeit genommen war, die grobe Gelenkform sich dennoch entwickelte; ferner daß ein Schultergürtel eine Gelenkpfanne für den Oberarm auch dann ausbildete, wenn der Oberarm selbst infolge frühzeitiger Operation fehlte. Die andere Auffassung wieder wollte die Abhängigkeit der Gelenkform von der Beanspruchung verfechten, indem sie darauf hinwies, daß selbst noch am fertigen Gelenk jede zwangsweise Änderung in der Beanspruchungsart entsprechende Umbildungen hervorruft; ferner daß bei manchen Menschen nach einem Knochenbruch sich statt knöcherner Verheilung ein falsches Gelenk (Pseudarthrose) mit Kopf und Pfanne herstellt, ein Gelenk also, das nur durch die Bewegung der Knochenstümpfe gegeneinander geschaffen sein kann.

So standen zwei Auffassungen gegeneinander, die im Grund beide unwiderlegliche Beweise zur Hand hatten. Ihr Fehler war nur, daß sie eine die andere leugnen wollten. Erst mit fortschreitender Erfahrung hat man einsehen gelernt, daß sie einander gar nicht auszuschließen brauchen, daß vielmehr gerade in ihrer Vereinbarung die Wahrheit liegt. In der Tat wird die grobe Gelenkform vor und unabhängig von jeder Beanspruchung durch vererbte Entwicklungsfaktoren bestimmt und hergestellt, aber beim letzten Schliff, bei der feinen Modellierung, hat doch die tatsächliche Beanspruchung gewichtig mitzureden und mitzufeilen, und unter besonderen Umständen, wenn jene Entwicklungsfaktoren fehlen, vermag sie auch aus eigenem ein rohes Gelenk zu schleifen. Zwischen einem Entweder-Oder: Entwicklungsleistung oder Beanspruchungswirkung, konnte also gar nicht entschieden werden, da beide Wirkungsweisen gemeinsam und einträchtiglich an dem Werk teilnehmen. Eine ähnliche friedliche Lösung hat schon manche biologische Diskussion schließlich gefunden, und in ein solches Ende scheint nun auch die Diskussion über die Natur der mitogenetischen (zellteilungserregenden) Fernwirkung auszumünden. Nicht Strahlung allein, nicht stoffliche Wirkung allein, sondern beides!

Sicherlich ist dabei die Strahlung die weitaus bedeutsamere und interessantere Erscheinung, aber gerade darin lag ja die Gefahr, die andere, die stoffliche Komponente zu übersehen. Beinahe wäre sie ja auch übersehen worden dank einer jener gefürchteten Tücken, die in jeder und auch der sorgfältigsten Versuchseinrichtung darauf lauern, dem Forscher einen üblen Streich zu spielen. Welche Tücke? Nun, die so unverfänglich scheinende Verwendung von Vaseline als Kitt. Niemand hätte voraussehen können, daß das kein zulängliches Abdichtungsmittel wäre. In anderen Fällen schleppt man solche Fehlerquellen jahrelang ahnungslos durch seine Arbeiten weiter.

Es wäre weiter kein Anlaß, hier darüber zu sprechen, wenn nicht eben in einem wahrheitsgetreuen Bild der Forscherarbeit auch die Klippen, auf die sie stößt, gezeigt werden müßten. Wenn man daran geht, ein Experiment anzustellen oder eine Beobachtung zu erklären, so bedenkt man selbstverständlich nach Möglichkeit alle Umstände, die einem von Belang dünken, im voraus. Ja, man merkt mit einer Pedanterie, die dem Fernerstehenden geradezu lächerlich erscheinen muß, zum Überfluß auch das scheinbar Nebensächlichste an, für den Fall, daß es sich im nachhinein doch noch vielleicht als belangreich erweisen sollte. Es erweckt unbestreitbar den Eindruck von Pedanterie, wenn in einer Arbeit über Wachstumserscheinungen oder über Dressurversuche an Tieren das Volumen des Gefäßes bzw. die Ausmaße des Käfigs, in dem die Tiere gehalten werden, genau angegeben erscheinen; aber es ist Tatsache, daß sowohl für die Intensität des Wachstums als für die Eindringlichkeit eines Lernerfolges die Größe des Lebensraumes von maßgeblicher Bedeutung ist (vgl. Abb. 4). Ja, selbst ob der Versuchsraum im Licht oder Schatten liegt, ob er Erschütterungen ausgesetzt ist oder nicht, u. dgl. m., kann eine wesentliche Rolle für das Ergebnis spielen; daß ferner die Temperaturverhältnisse genau bekannt sein müssen, versteht sich bei der strengen Temperaturabhängigkeit der Lebensprozesse von selbst. Aber auch die Jahreszeit der Versuchsanstellung oder Beobachtung verlangt strenge Berücksichtigung. Es gibt Lebenserscheinungen, die bei gleichen Temperaturen im Sommer rascher vor sich gehen als im Winter; z. B. bedarf es für die Regeneration eines Molchbeines, die im Sommer in einigen Wochen abläuft, im Winter vieler Monate, auch wenn die Tiere Sommer und Winter in der *gleichen* Wärme gehalten sind. Für die Eier mancher Seetiere liegt die günstigste Entwicklungstemperatur im Sommer höher als im Winter, und auch die Temperaturgrenzen, die als Extreme noch vertragen werden können, schwanken für das gleiche Objekt mit der Jahreszeit. Die Erregbarkeit des Nervensystems beim Frosch ist im Winter eine andere als im Sommer. Und so der Beispiele noch mehr. Arbeitet man in Versuchen mit chemischen Präparaten, so muß man sogar die Erzeugerfirma berücksichtigen, da gleichnamige Präparate verschiedener Herkunft verschiedene Ergebnisse zeitigen können.

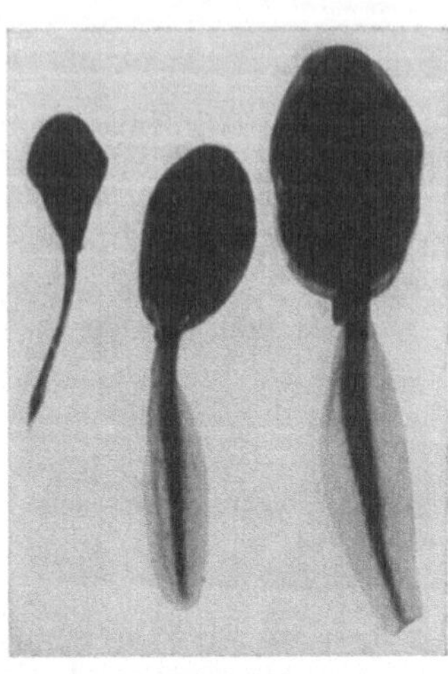

Abb. 4. Das Bild zeigt die Photographie dreier gleichalter Kaulquappen, Geschwister aus dem gleichen Laichballen, welche unter verschiedenen Raumbedingungen aufgewachsen waren. Das linke Tier, das in kleinem Raum mit wenig Wasser gelebt hatte, ist stark zurückgeblieben; das mittlere Tier, dem zwar ebensowenig Raum wie dem linken, aber weit mehr Wasser zur Verfügung gestanden war, ist schon besser entwickelt; das rechte schließlich, welches in ebensoviel Wasser wie das mittlere, aber in weit größerem Raum als die beiden anderen hatte leben dürfen, ist kräftig herangewachsen. (Nach Goetsch.)

Es leuchtet also ein, daß die Beachtung aller, auch der vermeintlich nebensächlichsten Versuchsbedingungen von hervorragender Wichtigkeit ist. Aber trotz aller erdenklichen Vorsicht entschlüpfen noch eine große Menge Nebenumstände durch ihre Unscheinbarkeit der Beachtung. So ist z. B. folgendes passiert: Ein Forscher hatte nach gewissen operativen Eingriffen am Nervensystem von Froschlarven das Auftreten von Mißbildungen an den Beinen beobachtet. Andere Forscher haben die Versuche wiederholt, aber keine Störung der Formbildung beobachten können. Was war da los? Beide Versuchsreihen waren durchaus vertrauenswürdig; was also trug die Schuld an dem gegensätzlichen Ergebnis? Man besah sich nun die vordem wegen ihrer vermeintlichen Belanglosigkeit vernachlässigten Nebenumstände der Versuche näher: der eine hatte die operativen Eingriffe durch Brennen mit glühender Nadel, der andere durch Schneiden mit dem Messer ausgeführt. War vielleicht dieser Unterschied verantwortlich? Man wiederholte die Versuche mit beiden Methoden. aber das Resultat blieb negativ. Man erwog nun weiter, ob nicht vielleicht die Froschlarven in verschiedenen Landesteilen auf den gleichen Eingriff in verschiedener Weise reagiert haben mochten — denn das Material der ersten und der nachfolgenden Untersuchungen stammte aus verschiedenen Gegenden her; jedoch auch diese Erklärung erwies sich als nicht stichhaltig, und der Widerspruch blieb nach wie vor unbehoben. Da begab es sich, daß nach Jahren derselbe Forscher, der seinerzeit als erster die Beinmißbildungen beobachtet hatte, an anderem Orte in einem anderen Laboratorium seine Versuche wiederholte; überraschenderweise aber gelangte nunmehr auch er selbst zu einem ganz anderen Ergebnis als seinerzeit: die Formbildung der operierten Larven wies im allgemeinen keine Störung auf. Es war also der gleiche Forscher einmal zu positiven, einmal zu negativen Ergebnissen gelangt, obwohl die Identität der Person doch Gewähr bietet, daß die Operationen in beiden Fällen möglichst auf die gleiche Weise ausgeführt worden sind. Was blieb ihm anderes übrig, als sich nunmehr selbst auf die Suche nach einer Erklärung des zwiespältigen Ergebnisses zu begeben?

Eine Suche ohne Anhaltspunkte ist ein Tappen im Dunkeln, weder angenehm noch lohnend, ja nicht einmal aussichtsreich, aber die Wissenschaft verlangt nun einmal klare und eindeutige Resultate und nicht launenhafte. Also mußten alle Begleitumstände der Versuchsanstellung von dazumal mit denen von jetzt verglichen und auf ihre Übereinstimmung geprüft werden. „Alle“ — das will natürlich heißen: alle, die man überhaupt in Erinnerung hatte und nachträglich noch feststellen konnte. Biologische Erscheinungen sind ja so kompliziert und so vielseitig beeinflußbar, daß man von vornherein nicht einmal immer ausschließen kann, ob nicht am Ende besondere klimatische Faktoren oder eine Sonnenfleckenperiode oder sonst was schlecht Erfaßbares im Einzelfall das Ergebnis eines Versuches oder einer Beobachtung beeinflußt hätten. Zunächst freilich hält man sich im Nächstliegenden. Wie da ein Punkt nach dem anderen in langwierigen und langweiligen Versuchen vorgenommen wird, wie da die ganze Versuchssituation in Bestandteile zerlegt werden muß, die einzeln auf ihren Einfluß auf das Gesamtresultat geprüft werden, wie da wertvolle Arbeitswochen mit absolut erfolglosem Suchen vergeudet werden, das alles müßte eigentlich in großer Breite geschildert werden, wenn die Schilderung zu dem Inhalt des Geschilderten in rechtem Verhältnis stehen sollte; denn mit solcher zeitraubender, unscheinbarer Kleinarbeit, wahrer Fronarbeit für den unbändigen Geist, der schaffen möchte, sind die Werkstätten der Lebensforschung weit stärker beschäftigt und in Anspruch genommen als mit vorwärtseilender Pionierarbeit. Aber wir übergehen diese Schilderung und besehen nur das Ende, das die Angelegenheit, von der wir sprechen, genommen hat; dieses ist bezeichnend genug. Es hat sich herausgestellt, daß die Aquarien, in welchen die Versuchstiere in den älteren Versuchen sich aufgehalten hatten, im Gegensatz zu den späteren Versuchen mit Wasser aus einem Behälter aus Zinkblech gespeist worden waren. Spuren von Zink mußten im Wasser in Lösung gegangen sein und zu einer Schädigung der Larven geführt haben, mit welcher sich die durch die Hirnoperation hervorgerufene Schädigungswirkung sehr wohl in einem solchen Maße hatte summieren können, daß Formbildungsstörungen in Erscheinung treten konnten, während die Operationsfolgen allein an einem nicht ohnedies schon geschwächten Tier keine merkliche Mißbildung zu verursachen brauchten. Darum waren also auch die Mißbildungen in den späteren Versuchen mit zinkfreiem Wasser ausgeblieben; sie konnten aber sofort in erhöhtem Prozentsatz nach Wunsch hervorgerufen werden, sobald man dem Wasser der Zuchtgefäße Zink zusetzte.

Damit waren nun freilich nach vieler Mühe die früheren Widersprüche aufgeklärt; aber ist es nicht geradezu erschütternd, mitanzusehen, wieviel Arbeit hat verschwendet werden müssen, bloß weil das Wasser zufällig durch einen Zinkbehälter geflossen war? Und wie durch die Nichtbeachtung dieser Lappalie — wer hätte denn darauf verfallen sollen? — die Deutung richtiger Versuchsergebnisse in völlig falsche Spur verleitet wurde, indem ganz fälschlich ein bindender Zusammenhang zwischen Hirnverletzung und Beinmißbildung, also in erweitertem Sinne auch zwischen Nervensystem und Formbildung schlechthin, vorgetäuscht worden war.

Kehren wir nun aber zu dem eigentlichen Thema dieses Kapitels zurück. Wir haben gehört, daß die beinahe übersehene undichte Verkittung des Senderaumes den Argwohn aufkommen ließ, es könnte die Strahlennatur der mitogenetischen Fernwirkung auch nur vorgetäuscht sein. Dieser Argwohn mußte der Überzeugungskraft weiterer, mit allerhand Verbesserungen ausgeführter Versuche weichen, und wie wir schon oben betont haben, ist an der Existenz einer mitogenetischen Strahlung kaum mehr zu zweifeln.

Begreiflicherweise wird sich nun manchem die Frage aufdrängen, wie es denn nur möglich ist, daß heutzutage, in einer Zeit der höchst vervollkommneten physikalischen Hilfsmittel und feinsten Meßmethoden, eine Strahlung, die sich angeblich von einer der geläufigen physikalischen Strahlungen in nichts unterscheidet, sich so hartnäckig der exakten Feststellung entziehen konnte. Die Antwort ist in der außerordentlich geringen Intensität, mit der die Strahlung auftritt, zu suchen.

Natürlich hat man, sobald nur der Gedanke aufgetaucht war, daß es sich um Ultraviolettstrahlung handeln könnte, sofort geprüft, ob nicht eine Wirkung auf hochempfindliche photographische Platten zu erhalten wäre. Aber im großen und ganzen blieben alle diese Prüfungen auch bei sehr langer Exposition ohne positives Ergebnis. Es ist zwar auch über Erfolge berichtet worden, doch waren diese sehr unbestimmt. Spätere Berechnungen haben in der Tat zu der Erkenntnis geführt, daß die Intensität der Strahlung zu gering ist, als daß durch die vergleichsweise grobe Methode der Photographie ein Effekt festgestellt werden könnte. Erst mit Hilfe eines eigens konstruierten, besonders feinen Instrumentes ist es in neuester Zeit möglich gewesen, auf rein physikalischem Wege etwas von der Strahlung nachzuweisen, und auch dabei wieder hat sie sich als von so geringer Intensität zu erkennen gegeben, daß man nicht genug staunen kann, daß eine Naturerscheinung von solcher Subtilität mit eigentlich ganz primitiven Hilfsmitteln hat entdeckt werden können. Freilich ist der Entdeckung eine ganz merkwürdige Eigentümlichkeit lebender Gebilde entgegengekommen, nämlich die Tatsache, daß ein Lebewesen für mancherlei Einflüsse ein weitaus angemesseneres und feineres Anzeigeinstrument ist als die künstlichen Apparate, die wir zu bauen vermögen.

Gifte gibt es, die an lebenden Zellen sinnfällige Wirkungen schon in Spuren üben, die so gering sind, daß ihr Nachweis nur mit den allerfeinsten chemischen Methoden möglich ist oder sich selbst diesen entzieht. Als Beispiel sei auf die sogenannte oligodynamische Wirkung von Metallen hingewiesen, welche schon in einer Konzentration von der Größenordnung 1:100000000 lebende Zellen zu töten vermögen.

Die extreme Empfindlichkeit lebender Systeme hat zur praktischen Folge, daß man sich in manchen Fällen zum Nachweis oder zur Prüfung einer physikalischen oder chemischen Wirksamkeit, also für gar nicht eigentlich biologische Zwecke, mit Vorteil eines lebenden Indikators bedient. Wie sonst am Zeigerausschlag eines Meßapparates oder an dem Farbumschlag einer Indikatorlösung, so liest man in diesen Fällen an der augenfälligen Veränderung des betreffenden

Lebewesens den Effekt ab. Beispielsweise können Pflanzenzellen oder tierische Eier als feinste Indikatoren für Veränderungen in der Salzkonzentration einer Flüssigkeit dienen, indem jede Zunahme im osmotischen Druck der Flüssigkeit sich als Schrumpfung, jede Abnahme als Blähung des Zellinhaltes zu erkennen gibt.

Zumal wenn es sich um die Prüfung von bloß biologisch wirksamen Agenzien handelt, ist die Heranziehung des biologischen Objektes selbst als Indikator oft durch kein anderes Verfahren zu ersetzen. Nehmen wir beispielsweise die Prüfung der Wirksamkeit der Schilddrüse. Die Schilddrüse ist ein Organ, das ständig einen bestimmten Stoff, ein *Hormon,* in das Blut absondert, der im Körper lebenswichtige Verrichtungen zu besorgen und zu regeln hat. Ist die Schilddrüsentätigkeit beeinträchtigt, so leidet der Körper; Kretinismus, Verblödung ist die Folge, wenn das Schilddrüsenhormon mangelhaft erzeugt wird. Will man solche Folgen hintanhalten oder beheben, so muß man dem Körper den Stoff, den er selbst nicht mehr sich zu liefern imstande ist, auf irgendeine Weise zu ersetzen trachten. Zum Glück hatte sich gezeigt, daß die Wirksamkeit des Schilddrüsenstoffes nicht individuell, ja nicht einmal artmäßig gebunden ist; das heißt, daß das Schilddrüsenhormon einer Tierart auch in einer anderen Tierart seine typische Wirksamkeit unvermindert äußert. Demgemäß kann der Ausfall der Schilddrüsenfunktion bei einem Menschen durch Einverleibung des Schilddrüsenstoffes eines anderen Wirbeltieres, etwa vom Rind, behoben werden. Man hat auch gemerkt, daß die Wirksamkeit der Substanz durch die Verdauung nicht beeinträchtigt wird; also kann sie mit der Nahrung eingegeben werden. Jahrelange Untersuchungen waren nötig, um überhaupt einmal erst festzustellen, welche von den zahlreichen, in einem Schilddrüsenextrakt enthaltenen Substanzen die eigentlich wirksame, will heißen für die Schilddrüsentätigkeit kennzeichnende Substanz ist. Als man diese Substanz endlich rein erfaßt hatte, konnte man für die medizinische Praxis brauchbare Präparate in konzentrierter Form aus den tierischen

Drüsenextrakten herstellen. Man blieb aber dabei nicht stehen, sondern bestrebte sich, die Substanz, die man ja nun ihrer chemischen Zusammensetzung nach kannte, im Laboratorium künstlich aufzubauen. Aufbau ist immer schwerer als Zerlegung, aber hier gelang er in großartiger Weise, so zwar, daß man heutzutage imstande ist, Schilddrüsenhormon durch chemische Synthese aus einfachen Ausgangsstoffen in biologisch wirksamer Form zu erzeugen.

Wir haben hier in knappen Worten den Werdegang des segensreichen medizinischen Verfahrens, das den Schilddrüsenkranken vor furchtbaren Folgen schützt, dargelegt. Dieser Werdegang sieht sich wohl als eine rein medizinische und chemische Angelegenheit an. Aber mache sich nun einmal jeder selbst einige Gedanken darüber: Wir haben fortwährend von „Wirksamkeit" gesprochen, von „Wirksamkeit" der artfremden Stoffe, „Wirksamkeit" trotz Verdauung, von der „wirksamen" Substanz und ihrem künstlichen Aufbau in „wirksamer" Form. Wie aber stellt man sich vor, daß diese „Wirksamkeit" in den ausgedehnten Versuchen eigentlich festgestellt und ständig überprüft worden sein soll? Man konnte doch nicht an den schilddrüsenkranken Menschen selbst so lange herumprobieren, bis das Wirksame vom Unwirksamen gesondert war. Auch eine chemische Probe auf die „Wirksamkeit" war nicht zur Hand. Da behalf man sich auf eine merkwürdige Weise:

Schon vor Jahren war man darauf aufmerksam geworden, daß gewisse Hormone nicht nur auf die Leistung des fertigen, sondern auch auf die Entwicklung des unfertigen Organismus einen maßgebenden Einfluß übten. Zu diesen Hormonen zählt auch das der Schilddrüse; fehlt es, so ist die Entwicklung in mancher Hinsicht verzögert, ist es überreichlich vorhanden, so erzwingt es Frühreife. Ein sehr markanter Entwicklungsschritt, dessen Abhängigkeit vom Schilddrüsenhormon sich durch Versuche überzeugend dartun ließ, ist nun auch die Metamorphose der Lurche, d. i. jene stürmische Umwandlung, die aus der schwimmenden Kaulquappe den kleinen Frosch und aus der wasserlebenden Molchlarve den erdlebenden Salamander hervorbringt. Füttert man Kaulquappen eine Zeitlang mit Rinderschilddrüse, so beobachtet man, daß sie viel früher zur Verwandlung kommen als ihre gleichalten, mit gewöhnlichem Futter ernährten Geschwister. Um ganz sicher zu sein, daß nicht vielleicht nur der hohe Nährwert der Schilddrüsenkost die Entwicklung begünstigt hätte, sind die Versuche mit *Injektion* von Schilddrüsenstoff in die Larven, ja selbst mit *Einpflanzung* von überzähligen, den Stoff erst selbst produzierenden Schilddrüsenfragmenten in den Larvenkörper wiederholt worden; der Erfolg war der gleiche, immer gewannen die irgendwie mit einem Überschuß von Schilddrüsenstoff versehenen Larven einen erheblichen Entwicklungsvorsprung. Auch die Gegenprobe stimmte: An Larven, denen die eigene Schilddrüse operativ entfernt worden war, unterblieb die Verwandlung.

Die Metamorphose von Kaulquappen ist also, wie man sieht, ein empfindliches Mittel zum Nachweis der Wirksamkeit von Schilddrüsensubstanz, und da keine andere Substanz die gleichen Wirkungen hervorzubringen vermag, zugleich ein sehr spezifisches Mittel. Was man am Menschen nicht erproben kann und doch zu seinem Besten erproben muß, prüft man eben an der Tierlarve. Die Übertragung allgemeinbiologischer Erfahrungen vom Tier auf den Menschen ist bei entsprechender Vorsicht, das heißt mit gewissen besonderen Einschränkungen, von denen hier nicht gesprochen werden kann, in weitem Maße zulässig. So wird die Kaulquappe gleichsam zum Meßinstrument.

Diese Methode war aber noch nicht frei von Nachteilen. Man mußte jede Prüfung mit großen Zahlen von Tieren anstellen, um nicht durch die individuellen Verschiedenheiten von Tier zu Tier irregeführt zu werden: ein Tier verwandelt sich früher, ein anderes später, und nur im Durchschnitt ist die Beschleunigung durch Schilddrüsenbehandlung feststellbar. Ferner muß man ja, um eine Beschleunigung zu erkennen, erst wissen, wann denn die Verwandlung normalerweise eingetreten wäre, und da sich dafür keine ein für allemal feststehenden Werte angeben lassen, muß man stets Geschwister der schilddrüsenbehandelten Tiere unbehandelt als Kontrollen züchten. All das ist umständlich. Wünschenswert wäre, wenn man als Maßstab für die Wirksamkeit eines Schilddrüsenpräparates ein Ereignis wüßte, das ohne jene Wirksamkeit überhaupt nicht eintritt. Das wäre dann ein bequemes Verfahren. Und damit man wieder einmal sehe, wie vielseitig biologische Teilerkenntnisse untereinander verflochten sind und sich gegenseitig helfen und fördern, sei hier noch erzählt, wie man in der Tat auch noch dieses bequemere Verfahren fand.

In Mexiko kannte man zwei Formen von Molchen, die so verschieden aussahen und lebten, daß man sie für zwei verschiedene Gattungen hielt und beschrieb. Das eine war ein Wassertier mit Kiemen und plattem Ruderschwanz, das andere ein drehrunder, kiemenloser Erdmolch. Da früher einmal viele Naturforscher die Vorliebe besaßen, Tiere, die sie fanden, möglichst schnell in Spiritus zu stecken und an den Lebewesen alles eher denn ihr Leben zu untersuchen, kam man erst verhältnismäßig spät dahinter, daß die wasserlebende Form nichts weiter als ein Larvenstadium einer Landform wäre. Derartige Schnippchen hat die Natur den allzu eifrig katalogisierenden Leichenforschern ganz gern einmal geschlagen; so hat man einmal eine selbständige Insektenart beschrieben, die sich von ihren Verwandten dadurch unterscheiden sollte, daß sie nur 4 anstatt 5 Fußglieder besaß, derweil es sich einfach um Angehörige der gewöhnlichen 5gliedrigen Art handelte, die aber ihre Beine durch irgendein Mißgeschick verloren und später wieder regeneriert hatten — Beinregenerate sind aber in der Regel 4gliedrig statt 5gliedrig. Allerdings trifft im Falle des mexikanischen Molches — er ist in der Larvenform als Axolotl bekannt und auch in unseren europäischen Aquarien häufig — nicht allein die alten Zoologen die Schuld des Irrtums, sondern ein Gutteil auch den Molch selbst: er verharrt nämlich für gewöhnlich zeit seines Lebens in der Larvenform, wird in dieser Form geschlechtsreif, wächst und wächst und stirbt endlich als Larve, ohne je Anzeichen einer Verwandlung zu erkennen gegeben zu haben. Nur wenn man ihn durch Wassermangel zwingt, an Land zu gehen, tritt die Verwandlung in die Landform ein. Nachdem man nun aber die Erfahrungen über die Bedeutung der Schilddrüse für die Verwandlung der sonstigen Molche gewonnen hatte, drängte sich von selbst die Vermutung auf, es möchte bei der Axolotllarve der Grund für das regelmäßige Ausbleiben der Verwandlung vielleicht in unzureichender Schilddrüsentätigkeit zu suchen sein. Eine solche Vermutung war leicht zu überprüfen. Man führte den Axolotllarven künstlich Schilddrüsenstoff zu, wie man es sonst von den Froschlarven her gewohnt war; und siehe da, binnen kurzer Zeit hatten die behandelten Tierchen tatsächlich ihre Larvenform gegen die entwickelte Form ausgewechselt. Erinnert das nicht an die Märchenwesen, die durch Zaubertrunk aus niedrigem Dasein zu Prinzen verwandelt werden? Der Axolotl ist also ein Tier, bei welchem die Schilddrüsenbehandlung die Verwandlung nicht etwa bloß beschleunigt, sondern überhaupt erst herbeiführt. Jetzt braucht man keine großen Mengen von Tieren mehr in den Versuch zu stellen, braucht keine Kontrollen mehr zum Vergleich zu züchten, und die Axolotllarve erfreut sich seither größter Beliebtheit als Prüfstein für Schilddrüsenwirkung.

Für die praktische, vor allem auch klinische Anwendung biologisch wirksamer Substanzen genügt es nicht, allein das Ob-oder-Nicht ihrer Wirksamkeit zu kennen, sondern man muß die Mittel auch dosieren können, muß also einen Maßstab besitzen, mittels dessen sich die *Stärke* der Wirksamkeit feststellen läßt. Auch diesen Maßstab muß, wo kein anderer zur Hand ist, das biologische Objekt liefern. Wie man als Maß einer physischen Leistung etwa die Pferdekraft (PS) definiert hat, so legt man als Maß bestimmter biologischer Leistungen eine entsprechende biologische Bezugseinheit fest. Man hat beispielsweise in neuerer Zeit die Bedeutung gewisser von den Keimdrüsen gelieferter Hormone für die Ausbildung und Erhaltung der körperlichen Geschlechtsmerkmale und -funktionen erkannt und — wieder in zulässiger Übertragung der Ergebnisse des Tierversuches auf den Menschen — gelernt, Krankheiten, die sich als Folge einer Störung der betreffenden Hormonfunktion beim Menschen einstellen, durch künstliche Eingabe des Hormons zu heilen; das weibliche Geschlechtshormon ist heute bereits in reiner, kristallisierter

Form dargestellt. Um nun die verschiedenen Präparate hinsichtlich ihres Wirkungsgrades vergleichen und demgemäß dosieren zu können, mußte eine Bezugseinheit gewählt werden; als solche definierte man jene Hormonmenge, welche nötig ist, um bei einer kastrierten weiblichen Maus nach Injektion die Erscheinungen der Brunst, für welche man streng angebbare Kriterien besitzt, hervorzurufen. Diese Einheit nennt man schlechtweg „Mäuseeinheit" (M.E.) und bezeichnet danach den Wirkungsgrad eines Präparates durch die Zahl Mäuseeinheiten, die in 1 ccm enthalten sind. In ähnlicher Weise hat man versucht, die biologische Wirksamkeit von Röntgenstrahlen durch die schädigende Wirkung, die sie auf die Eier von Spulwürmern üben, auszudrücken. Hier sehen wir also, daß man sogar für eine physikalische Strahlung, die auf physikalische Weise sehr gut definiert und gemessen werden kann, dann, wenn ihr Einfluß auf die Lebenserscheinungen in Rede steht, mit Vorteil auf ein biologisches Objekt als Indikator zurückgreift.

Das lebende Objekt als Indikator einer Strahlung war aber auch der Punkt, von dem die vorangegangenen Darlegungen ihren Ausgang genommen haben. Die Tatsache, daß man in der Praxis oft für die Registrierung von biologisch wirksamen Einflüssen kein geeigneteres Mittel findet als das lebendige Objekt selbst, hat einen Begriff von der extremen Empfindlichkeit der Lebewesen geben sollen, einer Empfindlichkeit, welche die unserer oft noch vergleichsweise plumpen anorganischen Methoden bei weitem übertreffen kann. Darum also ist ganz verständlich, was aufs erste so staunenswert scheinen wollte: daß die mitogenetische Strahlung auf dem Wege über ihre *biologische* Wirkung und nicht auf *physikalischem* Wege entdeckt worden ist. Die Teilungserregung in lebenden Zellen ist auch derzeit noch das sicherste Mittel zum Nachweis der mitogenetischen Strahlung.

Freilich ist das Verfahren mit der Zwiebelwurzel umständlich und zeitraubend; denn nach jedem Versuch muß man erst die tagelange Prozedur der Fixierung und Schnittzerlegung abwarten, ehe man das Versuchsergebnis ersehen kann. Der Forscher brennt vor Ungeduld, wenn der Versuch einmal im wesentlichen beendigt, das Ergebnis ihm aber noch verschlossen bleibt. Kennt nicht jeder diese Ungeduld, der auf der Reise interessante photographische Aufnahmen gemacht hat und nun bis zur Heimkunft auf die Entwicklung warten muß? Man ging denn auch auf die Suche nach einem handlicheren biologischen Detektor der mitogenetischen Strahlung und fand ihn in sprossenden Hefekulturen; der Strahlung ausgesetzt, steigt ihre Sprossungsintensität, was sich durch direkte Zählung der Teilungen ohne langatmige Vorbehandlung feststellen läßt. Seither verwendet man also Hefe statt Zwiebelwurzeln als Strahlungsempfänger.

Sobald man nun einen verläßlichen und handlichen Anzeiger für die Strahlung besaß, ging man daran, zu untersuchen, welche Organe und welche Erscheinungen alle denn Sender der Strahlung wären. Da stieß man nun allerdings auf eine recht bunte Auswahl, und was man ursprünglich nur an der Hornhautwunde des Frosches und an der Zwiebelwurzel beobachtet hatte, war bald an den verschiedensten Objekten wiedergefunden: Gehirn von Kaulquappen, Keimblätter von Pflanzen, Kulturen gewisser Bakterien, strömendes Venenblut, Amputationswunden von Molchbeinen, befruchtete Eier, zuckende Muskeln — alles das strahlte: strahlte bald stärker, bald schwächer, bald gar nur in bestimmten Perioden, aber doch im wesentlichen auf die gleiche Weise.

Verwirrend und wahllos erscheint die Fülle von Strahlungsquellen der unvoreingenommenen Betrachtung. Der Forscher selbst ist aber nicht unvoreingenommen. Vor seinem Auge tauchen aus dem scheinbaren Chaos bestimmte Ordnungsprinzipien auf, er sieht aus dem Gewürfel von Erscheinungen das ordnende Band, das Gesetz, hervorleuchten, sieht die Ordnung aus den Erscheinungen heraus, oder wenn man will: in die Erscheinungen hinein; jedenfalls hebt sich für ihn, der mit den Erscheinungen selbst unmittelbar zu schaffen hat, sehr bald ein über die Vielfältigkeit des einzelnen hinweg Gemeinsames hervor und gewinnt, wenn es sich an weiteren Einzelerfahrungen bestätigt erweist, sein Vertrauen:

die *Arbeitshypothese* ist geboren, die Richtschnur für die Fortarbeit gefunden.

Die Arbeitshypothese, das ist das erste und probeweise gesetzte Gerüst, über dem in Zukunft das endgültige Gebäude, das wirklichkeitstreue Gedankenbild der Erscheinungen, die *Theorie,* entstehen soll. Kein Gerüst ist endgültig, und eine Arbeitshypothese bewährt sich schon, wenn sie nur überhaupt einen Weg vorschlägt, auf dem eine unübersichtliche Vielfalt von Einzelerscheinungen nach einheitlichem Gesichtspunkt erklärt und diese Erklärung überprüft werden kann. Es ist gar nicht Aufgabe der Arbeitshypothese, Probleme vom Fleck weg zu lösen; sie hat nur dazu zu verhelfen, den Problemen erst einmal enger an den Leib zu rücken und die erste und größte Schwierigkeit des: Wo anpacken und wo eindringen? zu übertauchen. Ohne Arbeitshypothese müssen sich Untersuchungen ins Uferlose verlieren. Ob freilich eine Arbeitshypothese sich bewährt, ob ihre Annahmen der Wirklichkeit gemäß sind, darüber entscheidet immer erst die Zukunft. Geniale und erfahrene Forscher haben aber einen gewissen natürlichen „Blick für das Richtige", durch welchen verwickelte Zusammenhänge durchschaut und verdeckte Beziehungen erschaut werden. Auf welches geistige Prinzip man diesen „Blick" zurückführen mag, ob auf „Instinkt" oder „Intuition" oder sonst was, ist ganz belanglos; sicher ist, daß er, obzwar er als *bewußtes* Forschungsmittel in der Naturwissenschaft nicht beglaubigt ist, als *unbewußtes* Instrument des Forschers fast immer im Spiel ist, auch dort, wo man nur konstruktive Überlegung am Werk glaubt. Er sieht, was ist, und braucht nicht erst zu konstruieren, was sein könnte. Dieser Blick ist es, der dem Forscher die gemeinsame Ordnung weist, die hinter der unendlichen Vielfalt der Erscheinungen ruht, und ihn so auf die Spur der Arbeitshypothese leitet. Der Forscher „sieht" also gewissermaßen auch, wo die Gemeinsamkeiten von Larvenhirn, Pflanzenkeimling, Bakterienkultur, Blut, Wunde, Ei und Muskel stecken könnten, wenn sie strahlen. So hat denn unser Forscher eine Arbeitshypothese entwickelt, laut welcher die Strahlenbildung das Werk bestimmter, allen den genannten Objekten gemeinsamer chemischer Prozesse sein sollte. Obwohl diese Annahme zu sehr verbindlichen Konsequenzen zwang und manche Folgerung geprüft und zum Teil bestätigt werden konnte, läßt sich doch heute über ihre Stichhaltigkeit noch nicht recht urteilen. Wir beschränken uns also auf den Hinweis, daß es geglückt ist, durch eine gelungene Arbeitshypothese die mannigfachen Strahler gedanklich unter einen Hut zu bringen, daß aber eine Bewahrheitung der Hypothese noch aussteht. Wir wollen daher die Hypothese jetzt auf sich beruhen lassen und nur noch bei einigen Tatsachen verweilen.

Eine Gedankenbrücke leitete in das medizinische Interessengebiet hinüber: Man hatte da in der mitogenetischen Strahlung einen örtlich wachstumerregenden Faktor gefaßt; man kannte auf der anderen Seite jene kräftigen örtlichen Wachstumsvorgänge, die am unrechten Ort zur *Geschwulstbildung* führen und denen, wenn sie zum nimmersatten, gefräßig wuchernden Krebs entarten, der ganze Körper erliegen kann; — bestand da nicht vielleicht ein Zusammenhang, den man bisher noch nicht hatte ahnen können? Man zog also die Möglichkeit einer mitogenetischen Strahlung im Bereich von Geschwülsten in Erwägung. Der erste Erfolg war, daß man jene Bakterien, deren Urheberschaft am Pflanzenkrebs bekannt war, tatsächlich im Besitze einer kräftigen mitogenetischen Strahlungsfähigkeit fand. Für den Tier- und Menschenkrebs war aber damit noch nichts gewonnen, denn dieser wird, wie heutzutage von der Mehrzahl der Forscher zugestanden werden muß, *nicht* von Bakterien erregt. Als man aber die Krebsgeschwulst als solche in den Versuch stellte und ihr etwaiges Strahlungsvermögen prüfte, merkte man unzweideutig: sie strahlte mitogenetisch. Von wem die Strahlung gesendet wird, wissen wir nicht, aber daß sie das Mittel ist, durch welches der unbekannte Erregungsprozeß das in gefährlichem Maß gesteigerte Wachstum hervorruft, das scheint bei der engen Vergesellschaftung von Geschwulstbildung und Strahlung und Strahlung und Wachstum doch eine Möglichkeit zu sein, die ernster Berücksichtigung wert ist. Es wäre wirklich zu wünschen, daß von hier aus ein Weg zum Verständnis der Entstehungsbedingungen des Krebses sich finden ließe, denn ohne diese Kenntnis ist ein verläßliches Verhütungs- und Heilverfahren nicht zu erhoffen. Man sieht: von der Zwiebelwurzel zum Heil der Menschen braucht kein weiter Schritt zu sein.

Für die bösartigen Geschwülste ist nicht bloß die Neubildung, sondern auch die Zerstörung von lebendem Gewebe kennzeichnend. Dem Forscherblick enthüllt sich hier gleich ein neues Problem: Aufbau auf der einen, Abbau auf der anderen Seite — welches macht den Anfang? Bewirkt das gesteigerte Wachstum die Zerstörung oder bewirken die Zerstörungen des Abbaues das gesteigerte Wachstum, oder bedingen vielleicht die beiden sich wechselseitig? In der Tat, wenn man seinen Blick auf das Allgemein-biologische wendet, so findet man für beides Argumente:

Gesteigertes Wachstum fördert in der Nachbarschaft Zerstörung. Natürlich, wenn ein Teil besonders üppig gedeihen soll und Nährmaterial oder Baumaterial doch nur in beschränkter Menge zur Verfügung stehen, dann müssen die übrigen Teile sich bescheiden, von ihren Rationen abgeben und schließlich einer solchen Schwächung verfallen, daß sie zugrunde gehen, alle für einen. Man sieht das nicht selten an Doppelbildungen. Fast in jeder Zucht von Forellen treten einige Embryonen mit mehr oder minder weitgehenden Verdoppelungen der Körperenden auf, also etwa Tiere mit zwei Köpfen. Durch bestimmte experimentelle Behandlung lassen sich solche Verdoppelungen auch künstlich hervorrufen. Oft nun ist von den beiden Bestandteilen der Doppelbildung der eine kräftiger ausgebildet als der andere. Dann beobachtet man folgendes: Der stärkere Teil entwickelt sich tüchtig weiter, indes der schwächere Teil mehr und mehr zurückbleibt, allmählich zu verkümmern beginnt und am Ende bis auf spärliche Reste verschwinden kann. Offensichtlich hat der kräftigere Teil dem schwächeren erfolgreich Konkurrenz gemacht beim Kampf um das Nähr- und Baumaterial, alles Erreichbare an sich gezogen und den weniger widerstandsfähigen Nachbar dadurch schließlich zum Erliegen gebracht. Daß egoistische Ausbreitungssucht des einen auf Kosten des Niederganges anderer gehen muß, ist übrigens eine aus dem

Zusammenleben der Organismen so hinreichend bekannte Erfahrung, daß uns die analoge Sachlage, wenn wir sie bezüglich der Teile des Organismus wiederfinden, ohne weiteres einleuchtet. Wachstum auf der einen fördert also Niedergang auf der anderen Seite.

Aber: Verlust ruft auch seinerseits wieder Wachstum hervor. Das beweisen zahlreiche Erscheinungen, die man als Kompensations- oder Regulationserscheinungen zu bezeichnen pflegt. Schürft man sich die Haut wund, so überheilt alsbald die Haut der Nachbarschaft durch gesteigertes Wachstum die Wunde. Entfernt man dem Körper operativ die Niere der einen Seite, so entwickelt sich in der Folge die verbliebene Niere der anderen Seite zu erhöhter Stärke und Leistungstüchtigkeit. Geht von den beiden, an Größe sehr verschiedenen Scheren, wie manche Meereskrebse sie tragen, die größere verloren — die Tiere werfen sie im Falle einer Verletzung von selbst ab —, so beginnt sogleich die andere Schere, die bisher die kleinere gewesen war, mit erneutem Wachstum und wächst so lange, bis sie Dimensionen und Ausbildungsgrad der verlorenen großen Schere erreicht hat. Die Beispiele ließen sich beliebig vermehren. Alle lehren sie. daß der Organismus einen Verlust an einer Stelle durch gesteigertes Wachstum, sei es an der gleichen, sei es an einer entsprechenden anderen Stelle, wettzumachen imstande oder doch wenigstens bestrebt ist. Wie bringt er das zustande?

Es ist ein alter biologischer Erfahrungssatz, daß manch ein Bedürfnis sich den Trieb und die Mittel zu seiner Befriedigung selbst zu schaffen vermag. Man könnte in diesem Satz die Antwort auf unsere Frage suchen und hat sie auch darin gesucht. Aber die spätere Forschung hat diesem Satz, der ursprünglich wie ein allgemeines Gesetz verehrt worden war, doch manche Einschränkung auferlegt. Keineswegs kann der Organismus *jedem beliebigen* Bedürfnis Abhilfe schaffen, keineswegs enthält jeder Trieb die Mittel zu seiner Erfüllung. jeder Verlust die Möglichkeit zu seiner Behebung in sich vermöge eines umfassenden, zielstrebig zweckmäßigen Leistungsvermögens, wie man das ehedem angenommen hatte. Aber weit genug ist der Geltungsbereich jenes Satzes doch noch, unendlich zahlreich sind die unfaßbar zweckmäßig erscheinenden Vorgänge, durch die der lebende Organismus nach Störungen mannigfachster Art auf dem geeignetsten Wege zu seinem Normalzustand zurückstrebt. Wir rühren hier an grundlegendste biologische Fragen, die seit Jahrhunderten den Geist von Forschern und Denkern bemühen, ohne bis heute einer endgültigen Erledigung zugeführt worden zu sein. Herrscht über den Organismus wirklich ein Prinzip, welches in jede Aufgabe, die durch die Zufälligkeiten der Lebensführung dem Organismus gestellt wird, Einblick nimmt, die angemessene Lösung ersinnt und den Organismus auf richtigem Weg dieser Lösung zuführt, ein Prinzip, das bescheiden „Regulation" genannt wird, an sich aber einer allmächtigen Intelligenz ebenbürtig ist? Oder aber ist der Organismus von vornherein so konstruiert, daß in ihm in Voraussicht einer Unzahl von Störungsmöglichkeiten eine ebenso große Zahl von Mitteln und Mechanismen, diesen Störungen zu begegnen, bereitgestellt sind, die im Bedarfsfall durch eine Art Stichwort, durch einen angemessenen Reiz, zum Abschnurren gebracht werden und, obwohl von sich aus blind, doch zu einem guten Ende führen, als hätten sie das Ziel im Auge gehabt? Von der Beantwortung dieser Alternative hängt es auch ab, ob wir uns damit zufrieden geben dürfen, die Erscheinung, daß körperlicher Verlust ausgleichendes Wachstum weckt, bloß mit dem allgemeinen Hinweis auf ihre Zweckmäßigkeit zu begründen, oder ob wir vielmehr einen besonderen Mechanismus für den Zusammenhang Abbau — Aufbau annehmen und suchen sollen.

Was ist nicht schon alles an scharfsinnigen Argumenten zugunsten der einen oder der anderen Meinung ins Treffen geführt worden! Wie wenig hat sich aber bisher eine einheitliche Entscheidung durchgerungen! Wir nehmen ein Ei von einem Molch oder Seeigel, argumentiert die erstere Meinung, und schneiden es entzwei in zwei Hälften, von denen wir wissen, daß sie im normalen Zusammenhang je eine Hälfte des Tieres entwickelt hätten. Wir verfolgen die Entwicklung der isolierten Hälften und staunen: Statt eines halben Tieres entsteht aus jeder Hälfte ein ganzes, vollständiges Tier, *zwei* Tiere aus dem zerspaltenen *einen* Ei! „Wehe, wehe, beide Teile stehn in Eile schon als Knechte völlig fertig in die Höhe“, wie es in Goethes „Zauberlehrling“ heißt. Und mit dem Ei erleben wir dasselbe. Kann das anderes als zauberhaft zielstrebige Regulation sein? Ja, argumentiert die andere Meinung, es kann. Auch in der Natur kann in dem Zeitpunkt, wo das Ei sich durch die erste Furche in zwei Zellen geteilt hat, eine Abtrennung der beiden Hälften voneinander gelegentlich erfolgen, zum Beispiel wenn eine Woge das schwimmende weiche Ei gegen einen Felsen schleudert, und für solche mögliche Ausnahmsfälle hat die Natur eben in jeder Hälfte des Eies einen Reservemechanismus bereitgestellt, der die Entwicklung zur Ausbildung eines ganzen anstatt eines halben Körpers hinlenken kann und der im Augenblick der Lostrennung ins Spiel gebracht wird. Diese Möglichkeit zugegeben, erwidern die ersteren, angenommen selbst, es wäre wirklich in jeder *Hälfte* des Eies eine Reservevorrichtung für *Ganz*bildung; ist es aber denkbar, daß auch umgekehrt im *ganzen* Ei eine Reservevorrichtung für *Halb*bildung vorgesehen sein sollte, also für einen völlig unsinnigen Vorgang, der nur lebensunfähige Gebilde zeitigen würde? Sicher nicht. Und dennoch erweist sich, daß, wenn man experimentell zwei ganze Eier zur Verschmelzung bringt — was in der Natur kaum jemals vorkommen kann —, ein einziges einheitliches Tier aus den beiden gemeinsam hergestellt werden kann, jede Hälfte des Tieres also aus einem ganzen Ei. Bleibt mithin in diesem Beispiel die erstere Meinung, welche vorgebildete Mechanismen als Erklärung der offensichtlich zweckmäßigen Reaktionen des Organismus leugnet, entschieden Siegerin, so behält in anderen Fällen wieder die zweite die Oberhand. Wir werden später gelegentlich der Besprechung der Organtransplantation von solchen Fällen noch Näheres zu sagen haben und lassen es darum hier mit der Andeutung bewenden. Es sind das Fälle, in welchen wir zusehen, wie eine unter normalen Umständen höchst sinnvolle Leistung des Organismus mit der Starrheit und Beharrlichkeit von Automaten auch unter völlig verkehrten Bedingungen unverändert und ohne Rücksicht auf die geänderten Erfordernisse abschnurrt und zu einem völlig sinnlosen, oft geradezu tödlich zweckwidrigen Ergebnis führt.

Die Existenz solcher Fälle beweist, daß das angenommene Regulationsprinzip keineswegs so umfassend und allmächtig ist, daß es für jede beliebige Störung Abhilfe, für jedes beliebige Bedürfnis Befriedigung, jeder beliebigen Notwendigkeit Genüge zu verschaffen von sich aus vermöchte. Fehlt aber ein solches umfassendes Regulationsprinzip, so besteht keine Möglichkeit einer einheitlichen Erklärung der verschiedenen Formen von Regulation. Man darf sich dann nicht mehr mit dem Hinweis auf die Zweckmäßigkeit einer Regulationsleistung als Erklärung begnügen, sondern muß jeden Einzelfall, der etwas von zweckmäßiger Regulation an sich hat, gesondert auf seinen besonderen Regulationsmechanismus hin besehen. Dabei bleibt bewußt die Frage außer Betracht, wieso der Organismus denn in bevorzugtem Maße gerade solche Methoden sein eigen nennt, welche ihn zu zweckdienlichen Reaktionen befähigen.

Wie ist nun etwa ein solcher Regulationsmechanismus beschaffen? Regulationsmechanismen baut auch der Mensch in seine Einrichtungen ein; beispielsweise Temperaturregler für Heizflammen: das sind Apparate mit einer Quecksilbersäule, welche die Zufuhr des Brenngases drosselt; steigt die Temperatur über Normalwert, so dehnt sich das Quecksilber entsprechend aus, die Gaszufuhr wird vermindert, die Wärmebildung nimmt solange ab, bis wieder die Normaltemperatur erreicht, das Quecksilber auf seinen Normalstand und die Gaszufuhr auf ihr Normalmaß zurückgelangt ist. Sinkt umgekehrt die Temperatur unter das Normalmaß, so ermöglicht die Zusammenziehung des Quecksilbers gesteigerte Gaszufuhr und abermals die Wiederherstellung der Normaltemperatur. Das ist also ein zweckmäßiger Regulationsmechanismus. Wir begreifen ihn, auch wenn wir das Hirn, das ihn erdacht hat, nicht begreifen. Und ebenso lassen sich Regulationsmechanismen in Lebewesen begreifen, auch wenn man für die wunderbare Tatsache, daß sie gerade da sind, wo sie hingehören, noch keine befriedigende und zulängliche Erklärung ausfindig gemacht hat.

Nehmen wir als Beispiel die Atmungsregulation beim Menschen und den Säugetieren: Wie die Erfahrungen der Physiologen lehren, wird das Einatmen und Ausatmen der Luft, welches nichts anderes ist als die Folge von abwechselnder Kontraktion und Erschlaffung des Zwerchfelles, durch die Tätigkeit gewisser Nervenzentren im Gehirn auf dem Wege der Nerven ins Werk gesetzt. Die Stärke der Atemtätigkeit aber richtet sich nach dem Sauerstoffbedarf des Körpers. Man versuche nur einmal, für einige Sekunden den Atem anzuhalten, und gebe acht, welch tiefen Atemzug man danach nötig hat. Es besteht also, uns unbewußt, eine Vorrichtung, welche die Sauerstoffzufuhr dem Sauerstoffbedürfnis anpaßt; eine höchst zweckmäßige und lebenswichtige Einrichtung, denn bestünde sie nicht, müßte der Körper bei innerer Sauerstoffnot sogleich ersticken. Nun hat man mit verschiedenen Mitteln den Weg, die Kette von Zwischengliedern, die hier das Bedürfnis mit seiner Befriedigung verbindet, aufzuklären versucht und dabei folgendes gefunden: Die Sauerstoffversorgung der Organe hängt von dem Sauerstoffgehalt des Blutes ab; Sauerstoffarmut bedingt, daß die Stoffwechselprodukte der Gewebe weniger vollständig oxydiert, „verbrannt" werden, als der Norm entspricht, und es bleiben im Blut saure Rückstände; Säuerung erregt nun die nervösen Atemzentren, und in dem Maße, als sauerstoffärmeres, saueres Blut das Hirn durchströmt, steigert sich, genau dem Grade der Säuerung entsprechend, die Tätigkeit des Atemzentrums, die Atemzüge werden frequenter, mehr Luft kommt in die Lungen, mehr Sauerstoff ins Blut — der Mangel ist behoben, die Säuerung verschwindet, und das Atemzentrum kehrt wieder zu seinem normalen Rhythmus zurück. Das ist ein ausgeprägter Regulationsmechanismus des Organismus; daß er blind arbeitet, ist leicht zu belegen: auch bei Sauerstoffreichtum läßt er sich durch künstliche Ansäuerung des Blutes ins Spiel setzen.

Was mit diesem Beispiel hier gezeigt werden sollte, ist, daß der Naturforscher es mit der Feststellung der Zweckmäßigkeit einer Leistung des Organismus nicht, als ob er damit schon zu der letzten Erklärungsmöglichkeit vorgedrungen wäre, bewenden lassen darf, sondern daß er die Mittel und Wege der Leistungen im einzelnen aufzudecken sich angelegen sein lassen muß. Dann gelangt er zu genauerer Kenntnis — Sachkenntnis — der Lebensvorgänge als der Naturphilosoph, der bei der Betonung des Zweckmäßigkeitsprinzipes stehenbleibt; freilich nicht zu tieferer Erkenntnis, denn es *gibt* Regulationen, denen kein Weg gebahnt, kein fester Ablaufmechanismus ein für allemal vorgeschrieben ist — aber eher denn Erkenntnis ist ja Kenntnis der Natur Ziel des Naturforschers.

So blieb denn für den Naturforscher auch der Mechanismus der Wachstumsregulationen ein reelles Problem. Es konnte also, wenn man körperliche Schäden durch kompensierendes Wachstum sich regulieren, wenn man gar den Verlust eines ganzen Organes durch Neubildung sich ausgleichen sah, die bloße Berufung auf ein allgemeines Regulationsprinzip als Erklärung nicht mehr befriedigen; man mußte sich schon noch die Mühe nehmen, die Art und Weise aufzuklären, *wie* denn, vermöge welcher bekannten oder vielleicht selbst erst noch zu erforschenden Mittel denn eigentlich Gewebezerstörung und Organverlust ihrerseits Gewebeneubildung und Organwachstum bewirken.

Die Entdeckung mitogenetischer Strahlung aus den Geschwülsten, wo Gewebezerstörung und Wachstum tatsächlich innigst vergesellschaftet auftreten, schien nun einen Fingerzeig zu liefern. War die mitogenetische, die Wachstum erregende Strahlung am Ende vielleicht gar ein Werk der zugrunde gehenden Gewebe? War *sie* vielleicht das Bindeglied zwischen Untergang und Aufbau, war sie vielleicht das Mittel, durch das der Untergang von Gewebe selbst schon für den Ersatz zu sorgen vermöchte, also der gesuchte Regulationsmechanismus? Der Gedanke lag nicht fern. Daß gerade in der Umgebung von Wunden auch mitogenetische Strahlung beobachtet worden war, sprach sichtlich in gleichem Sinne. Die Annahme harrte nur ihrer experimentellen Überprüfung.

Die wurde neuerdings wirklich in Angriff genommen; ein Angriff ist es in des Wortes kriegerischester Bedeutung, denn eines der dunkelsten und mächtigsten Probleme gilt es zu erstürmen. Man hat über die ersten Erfolge schon berichtet; ob weitere folgen, ist nicht vorauszuwissen. Die ersten aber sind folgende:

Erst war ein günstiges Objekt zu suchen, bei dem Abbau und Aufbau von Gewebe regelmäßig nebeneinanderliefen und *zeitlich* miteinander verkettet wären; ob auch *sachlich*, ja *ursächlich* verkettet, das war ja die Frage. Als solches Objekt bot sich die Metamorphose des Frosches, von der schon oben einiges erzählt worden war. Die äußeren Vorgänge bei der Verwandlung der Kaulquappe zum Frosch, so wie wir sie durch einfache Beobachtung verfolgen, geben wirklich nur ein „oberflächliches" Bild von dem, was vorgeht. Wir sehen den Ruderschwanz zu einem Stummel schrumpfen, sehen den plump geblähten Larvenkörper geprägtere Form annehmen und sehen vor allem die Hinterbeine, die bis dahin kümmerliche Anhängsel gewesen waren, kräftig wachsen. Was wir nicht sehen, aber leicht sichtbar machen können, ist, daß in der Kiemenhöhle, die durch eine Haut dem Blick verschlossen ist, die Kiemen sich rückbilden und verschwinden, indes in der Nachbarschaft die Anlagen der Vorderbeine zu rasch fortschreitender Entwicklung gegelangen. Was sich erst der genaueren Untersuchung zu erkennen gibt, ist, daß inzwischen die Lungen ausgebildet, der Darm umgestaltet, ja fast sämtliche Organe und Gewebe weitgehend verändert werden, wie die Einrichtung eines alten Hauses, das für neue Zwecke adaptiert werden soll. Was aber auch für die genaueste Beobachtung nicht ersichtlich wird, ist, wie denn diese Veränderungen alle untereinander zusammenhängen, wodurch sie hervorgerufen und in Gang gehalten werden. Was sind denn das für Kräfte und Wirksamkeiten, die in kürzester Zeit eine so durchgreifende Umgestaltung eines Lebewesens bewirken können? Indem wir die Frage auf diese allgemeine Weise stellen, betonen wir schon, daß es sich nicht um eine Frage handelt, welche nur Froschliebhaber angeht. Vielmehr erhoffen wir von der Erforschung der tierischen Metamorphose, daß sie uns allgemeine Aufklärungen über Entwicklung und Formbildung liefert.

An der Metamorphose fällt, wie gesagt, das Ineinandergreifen von Gewebeabbau und Gewebewachstum auf: der Schwanz verschwindet, dafür wachsen die Hinterbeine an seiner Wurzel; die Kiemen schwinden, dafür wachsen die Vorderbeine knapp hinter ihnen. Ob die schwindenden Organe mitogenetisch strahlen, sollte geprüft werden. Wurde geprüft, und in der Tat: sie strahlten. Schwanz und Kiemen, gerade die im Abbau begriffenen Organe, und auch sie nur während der Zeit, in welcher sie schrumpfen, strahlen, indes die Organe, welche die Verwandlung ohne nennenswerte Zerstörung überdauern, wie etwa die Haut, keine Spur von Strahlung abgeben. Zweifellos sprechen diese Ergebnisse dafür, daß von degenerierenden Geweben in Form von mitogenetischer Strahlung ein Faktor abgegeben wird, der in der Umgegend neuerliches Gewebewachstum hervorzurufen vermag. Das steht jedenfalls im besten Einklang mit der Vermutung, derzufolge die mitogenetische Strahlung das unmittelbare Bindeglied zwischen Abbau und Aufbau sein soll. Es sei zur Bekräftigung noch hinzugefügt, daß bei den Abbauprozessen der Gewebe jene chemischen Prozesse, welche man hypothetisch als Erzeuger der mitogenetischen Strahlen angesehen hat, tatsächlich nachweisbar sind. So stützen sich die Hypothesen wechselseitig, und es erweckt ernstlich den Anschein, als wäre man hier wirklich dem — oder vorsichtiger ausgedrückt: einem — Regulationsmechanismus, mittels dessen der Schaden selbst die Ausbesserung bewirkt, auf die Spur gekommen.

Wir enden nun unsere Betrachtung der mitogenetischen Strahlung. Es wird die Ausführlichkeit der Beschreibung, mit der wir sie bedacht haben, ohnedies manchen erstaunen. Und in der Tat: wäre es Aufgabe dieses Buches, Forschungsergebnisse als fertige Werke darzustellen — ich hätte die ganze Frage mit weniger Breite und um so mehr Nüchternheit und gebotener Zurückhaltung behandelt, obzwar sie von solcher Bedeutung ist, daß sie begeistertes Interesse verdient.

Es sind Punkte darunter, mit denen man heute schon ruhig als mit Tatsachen rechnen kann, aber es sind auch solche darunter, die dem Fachkundigen bedenklich, sei es sachlich ungenügend gestützt oder gedanklich ungenügend überzeugend, erscheinen. Sicherlich wird man in zehn Jahren schon die ganze Angelegenheit mit anderen Augen sehen. Aber das verschlägt nichts für den Zweck, der die Absicht dieses Buches ist. Denn gerade im Unfertigen erfaßt man das Werden. Und da ja eben in den Werdegang der wissenschaftlichen Leistung, in das Wirken und nicht ins vollendete Werk des Forschers hier Einblick gegeben werden soll, so erschien es angemessen, gerade eine recht junge wissenschaftliche Unternehmung zu schildern, eine, in der es noch tüchtig gärt.

Wir haben die kurze Geschichte dieser Unternehmung bis zu dem gegenwärtigen Stand, d. i. bis zu dem Zeitpunkt, wo dieses hier geschrieben wird, begleitet; die Schicksale der Entdeckung auf diesem kurzen Wege waren mannigfache: Ablehnung, Begeisterung, Irrtum, Bestätigung, Zufall, Kritik, Arbeit, Arbeit und wieder Arbeit — das ist so die Landschaft, durch die wir den Weg verfolgen konnten. Das sind aber so von ungefähr auch die Umstände, mit deren Hilfe oder gegen deren Widerstreben alle frischen wissenschaftlichen Unternehmungen sich vorarbeiten müssen. Darum ist vieles, was wir an dem Einzelschicksal des Beispieles hervorgehoben haben, bedeutsam und kennzeichnend zugleich für das Schicksal biologischer Forschungen im allgemeinen: der unscheinbare Anfang, die primitiven Hilfsmittel, das Glück der ersten experimentellen Bestätigung, die Skepsis und Kritik der Fachwelt, ihre Bedenken, die Widerstände und Tücken des Materials und der Versuchsanordnung, die entmutigenden Mißerfolge, der Schwung und die Trägheit des Forschers in seiner einmal eingeschlagenen Bahn, die Beharrlichkeit der übrigen Fachwelt in der ihren, ihre Prinzipientreue, die Steigerung und Vervielfältigung der Anstrengungen zur Klärung, die Geduld und Selbstbeherrschung des Forschers, sein Widerstand gegenüber der Lockung einer vorzeitigen und phantastischen, wenn auch blendenden Verallgemeinerung, das Ringen um die Arbeitshypothese als Leitlinie sachlichen und gedanklichen Fortschrittes, und endlich der gesicherte Erfolg. Ist es so weit, haben die Ergebnisse Vertrauen errungen, so sehen wir, wie gleich auch das geistige Weberschifflein in Tätigkeit tritt, um nun das Neue mit dem Alten innig zu verweben; da werden Gedankenbrücken nach unten und oben und ringsum gebaut, da wird in alle möglichen dunkeln Winkel hineingeleuchtet, ob das neue Licht sie nicht erhellen könnte, da werden Beziehungen zur höchsten Theorie und zur alltäglichen Praxis gesucht — und gefunden. Wir haben von der Hornhaut des Frosches und der Zwiebelwurzel bis zu den grundlegenden Problemen des Lebens ebenso hingefunden wie zu der Heilpraxis des Mediziners.

Ein drittes Kapitel finden wir bezeichnet als:

Zellen- und Gewebelehre.

Alle Arbeiten, die sich mit den Zellen und ihren Verbänden als den lebenstätigen Elementen jedes Lebewesens befassen, erscheinen hier aufgereiht. Es ist eine Art Materialkunde des Lebendigen. Denn das Material der Lebensregungen eines Organismus ist die Lebenstätigkeit seiner Zellen. Je höher organisiert, zu je vielfältigerer und feinerer Leistung befähigt ein Organismus ist, desto mannigfaltiger ist auch die Auswahl Zellen, die in ihm in Dienst stehen. Hautzellen, Drüsenzellen, Knorpelzellen, Knochenzellen, Bindezellen, Blutzellen, Sinneszellen, Nervenzellen, Muskelzellen, Farbzellen, Keimzellen, und in jeder dieser Gruppen wieder die verschiedenartigsten Abwandlungen — das sind die Elemente eines hoch organisierten Tieres. Trotz ihrer recht tiefgreifenden Verschiedenheit untereinander umspannt sie alle aber die große Gemeinsamkeit jener Eigentümlichkeiten, derenthalben wir sie alle mit gemeinsamem Namen benennen. Und diese, allen Zellen gemeinsamen Kennzeichen müssen, wenn wir es recht bedenken, natürlich das umfassen, was zum „Leben" schlechthin notwendig ist. Denn, was bloß in einer Zellart vorkommt, in einer anderen aber fehlt, kann nicht zu den elementaren Lebensfunktionen gezählt werden. Auf ganz natürliche Weise gelangt man also zu einer Trennung der Zelleigenschaften und -leistungen in allgemeine, elementare, lebensnotwendige einerseits, und spezielle, zusätzliche, in ihrer Eigenart sichtlich auf ganz bestimmte und besondere Verwendungen zugeschnittene andererseits. Der Blick läßt sich willkürlich auf diese oder jene einstellen. So wie man durch wechselnde Einstellung des Mikroskopes das eine Mal die Einzelheiten des Objektes unscharf verschwimmen, dadurch aber die kennzeichnenden Umrisse, die große Linie erst recht hervortreten lassen kann, das andere Mal wieder alle Einzelheiten aufs schärfste erfassen und dadurch den Blick vom Ganzen aufs Einzelne, vom Allgemeinen aufs Besondere ablenken kann, so ist uns auch ein Wechsel der geistigen Einstellung gegenüber einem wissenschaftlichen Objekt möglich: Wir können nach den großen Gemeinsamkeiten ausschauen, oder aber wir können den Blick gerade auf die feinen bis feinsten Verschiedenheiten der Erscheinungen lenken. Fast jede Teildisziplin der biologischen Wissenschaft kennt eine solche Zweiteilung in eine allgemeine und spezielle Richtung. Beide wurzeln in der Vergleichung, aber eben Vergleichung bei verschiedener Einstellung. Während die erstere, nur das große Gemeinsame der Erscheinungen beachtend, im Suchen nach dem ideellen Typus der Erscheinungen, sich vom wirklichen Objekt immer mehr entfernt, führt die letztere, indem sie auf die Besonderheiten der Einzelereignisse und gerade ihre Abweichungen vom Allgemeinen achtet, wieder zur Wirklichkeit zurück.

Indessen, bei der Erforschung der Zelle ist die Trennung des Allgemeinen vom Besonderen nicht erst und bloß durch die verschiedene Einstellung der Forscher veranlaßt, sondern ist in der Sache selbst zutiefst begründet, in der Doppelrolle, welche der Zelle zumeist zugeteilt ist, als Herr und Knecht — Herr ihres eigenen Lebensbetriebes und Knecht des Organismus, dem sie dient. So scheiden sich von selbst die Einrichtungen, Eigentümlichkeiten und Funktionen, die wir an den Zellen beobachten, reinlich in zwei Gruppen: in eine Gruppe von allgemeinen, eigendienlichen, und eine zweite Gruppe von besonderen, fremddienlichen. Der ersteren Gruppe hat man, weil man in ihr die grundlegenden Lebensfunktionen enthalten wähnte, von jeher bevorzugtes Interesse entgegengebracht. Die Folge war die Entwicklung einer *allgemeinen* Zellenlehre.

Anfänglich hatte sie es mit dem Fortkommen sehr schwierig. Zwei große Schwierigkeiten standen insbesondere im Wege. Die eine ist die geringe Größe der Zellen, die andere die Unzugänglichkeit der Zellen im Organismus, derzufolge die Beobachtung im lebenden Zustand, abgesehen von vereinzelten günstigen Fällen, als ein Ding der Unmöglichkeit erscheinen mußte.

Wir haben oben schon von den Mitteln berichtet, durch die man die Zelle dennoch der Beobachtung unter starker Vergrößerung zuführen kann: Fixierung, Schnittzerlegung, Färbung und mikroskopische Betrachtung der Gewebe. Dieses Verfahren — auch davon haben wir schon gesprochen — liefert aber doch immer nur ein Bild der *toten* Zelle, aus welchem zwar mit gebotener Vorsicht gewisse Rückschlüsse auf den lebendigen Zustand gewagt, niemals aber dieser lebendige Zustand restlos und lückenlos rekonstruiert werden kann. Und selbst die vorsichtigsten Rückschlüsse sind nicht immer unbedenklich, ihre Unsicherheit aber wird zur unerschöpflichen Quelle wissenschaftlichen Streites.

Beispielsweise entdeckt da ein Biologe vor langer Zeit in toten Zellen fadenförmige Gebilde. Da man begreiflicherweise einer Erscheinung, in je größerer Verbreitung man sie antrifft, desto größere Wichtigkeit beimißt, auch wenn man ihre Bedeutung vorerst noch nicht durchschaut, und da jene fadenförmigen Gebilde in einer ganzen Anzahl verschiedener Zellarten vorgefunden wurden, schien es berechtigt, sie für lebenswichtige Zellorgane zu halten. Man nannte sie Mitochondrien. Aber man hatte sie immer nur im fixierten Präparat, also in der toten Zelle, gesehen. Bedenken wurden laut, daß es sich vielleicht um Kunstprodukte des Präparationsverfahrens und gar nicht um Bestandteile der lebenden Zelle handeln möchte. Tatsächlich waren in der lebenden Zelle Gebilde der beschriebenen Art zunächst nicht zu unterscheiden. Eines Tages sah man sie aber auch da. Man kann nämlich Körperchen von mikroskopischer Größe auch noch auf andere Weise sichtbar machen als durch Färbung. Wenn ein Sonnenstrahl ins Zimmer fällt, sehen wir mit einemmal vor dem dunkleren Hintergrund die Staubteilchen aufleuchten, die vordem unsichtbar gewesen waren. Diese Erfahrung hat man der Mikroskopie nutzbar gemacht. Sendet man das Licht nicht von unten her senkrecht, sondern schräg durch das Objekt, so sieht man dann auf dunklem Hintergrund Einzelheiten des Objektes sich grell leuchtend abheben, welche im senkrecht durchfallenden Licht unkenntlich geblieben waren. Auf diese Weise entdeckte man also auch jene Stäbchen und Fäden in den ungefärbten Zellen wieder. War danach zwar die Existenz der Mitochondrien in der lebenden Zelle nicht mehr zweifelhaft, so war doch ihre Natur und Rolle noch ungeklärt. Immerhin lernte man sie mehr und mehr kennen und arbeitete sich, mühsam von allen Seiten Material zusammentragend, zu einem gewissen Verständnis empor.

Da trat plötzlich ein Forscher auf und erklärte rundweg, die Mitochondrien seien nichts anderes als in den Zellen hausende Bakterien, selbständige Lebewesen, die gleichsam die Rolle von Zell-Haustieren spielten. Diese Meinung war kein launenhafter Einfall; es wurden verschiedene sachliche Argumente vorgebracht, um sie zu stützen. Aber mehr noch als die sachliche Erwägung blickt für den Eingeweihten ein alter, wohlbekannter Mitläufer der Biologie hervor: die Tendenz, die Probleme, anstatt sie zu lösen, bloß zu verschieben; Erscheinungen, anstatt sie zu erklären, umzubenennen; sie anstatt durch einfachere und besser bekannte durch andere, ebenso komplizierte und ebenso ungeklärte auszudrücken. Wenn man die Lebenstätigkeit der Zelle auf die Lebenstätigkeit von in ihr befindlichen Bakterien zu beziehen sucht, so erweckt man den Anschein, als wäre damit das Problem des Zellenlebens auf das des einfacheren

Bakterienlebens zurückgeführt, als dürfte der Zellforscher als fernerhin inkompetent die Fragebeantwortung einfach dem Bakteriologen zuschieben.

Seit den Kindertagen der Zellforschung ist die Neigung, in jeder Zelle selbst wieder noch kleinere geformte Bestandteile als elementare „Träger des Lebens“ anzunehmen, stets rege geblieben. Die einen setzten solche voraus, suchten nach ihnen und glaubten, Körnchen, die sie im mikroskopischen Bild jeder Zelle fanden, als die gesuchten Lebensträger ansprechen zu dürfen; die anderen wieder kamen den umgekehrten Weg, d. h. sahen, nichts zu suchen im Sinn, irgendwelche winzigen Gebilde als regelmäßige Bestandteile von Zellen und kamen, da sie ihnen eine bescheidenere Rolle nicht nachweisen konnten, auf den Gedanken, es möchten das „Lebenseinheiten“ sein. Der Erfolg solcher Unternehmungen: statt einer Unbekannten hat man eine andere, oder, besser gesagt, gleich eine Unzahl neuer, da Einigkeit darüber, was denn nun in der Zelle als elementarer Lebensträger anzusehen sei, keineswegs besteht. Einstimmigkeit herrschte bloß hinsichtlich der Maximalgröße dieser supponierten Lebensträger: sie sollten an oder jenseits der Grenze der mikroskopischen Sichtbarkeit liegen; schwerlich konnte man also an sie herankommen und sie blieben jeder lästigen Nachprüfung entrückt. Das war gut so; denn war ihre Existenz auch nicht unmittelbar zu beweisen, so war sie doch auch ebenso schwer zu widerlegen, und die Spekulation hatte freie Bahn. Da niemand die „Lebensträger“ kannte, konnte jeder ihnen an Eigenschaften aufpacken, was er mochte. Wachstums- und Teilungsfähigkeit, Atmungsvermögen, Stoffwechsel, und was sonst an der Zelle Rätselhaftes auffiel, schob man unverändert ihren als lebendig vermuteten Bestandteilen in die Schuhe, nicht anders, wie man in alten Zeiten alles rätselhafte Geschehen Hexen und Kobolden zuschrieb, von denen man erst recht nichts wußte. Für das Verständnis ist damit aber wenig geholfen. Ebensowenig man die Eigenart eines Kristalls durch den bloßen Hinweis darauf, daß er aus „Elementarkriställchen“ zusammengesetzt ist, begreiflich machen kann, da ja dann erst recht wieder nach der Eigenart dieser Elemente gefragt werden müßte, ebensowenig kann eine befriedigende Erklärung des Zellenlebens lediglich durch die Berufung auf die vermutliche Zusammensetzung der Zelle aus niedrigeren „Lebenseinheiten“ erzielt werden.

Scheinerklärungen dieser Art tauchen dennoch immer wieder auf. Jeder Mensch, in jedem Beruf, kennt zweierlei Wege, sich einer Aufgabe zu entledigen: entweder er löst sie, oder er lastet sie einem anderen auf. Die Wissenschaft wäre nicht Menschenberuf, wenn sie anders vorginge. Sie steht vor einer Aufgabe. Soviel sie kann, bewältigt sie durch Lösung; aber soviel als möglich sucht sie auch von sich abzustoßen. Entweder abzuwälzen auf den lieben Nachbar: Der Anatom beschreibt ein neues Organ; wozu es dient, wie es funktioniert, darüber möge sich der Physiolog den Kopf zerbrechen. Der Physiolog wieder schildert die Leistungen des fertigen Körpers, der fertigen Fabrik, diese wunderbaren, mannigfaltigen und doch so zielsicher verflochtenen Leistungen; wie aber die Einrichtung der wundervollen Fabrik entsteht, das zu enträtseln überläßt er getrost dem Embryologen, dem Entwicklungsforscher; so mutet der Physiolog dem Körper oft ohne Unbehagen die kompliziertesten Mechanismen, die umständlichsten Verfahren zu — warum auch nicht? Die Komplikation, die Umständlichkeit zu erklären, ist ja nicht seine, sondern des Embryologen Sache. Und so schieben sich weiter Physiolog und Psycholog, Embryolog und Vererbungsforscher, Anatom und Abstammungsforscher, Zellforscher und Bakteriolog wechselseitig Arbeit zu. Oder aber — und das ist meist weniger ersprießlich — man verschleppt gar die Aufgabe ganz ins Gebiet des Unerforschlichen, oder doch zumindest mit den vorhandenen Mitteln nicht Erforschbaren, man verbannt sie dahin, von wo aus sie einen nicht mehr beunruhigen kann. Diesen Sinn hat auch die Zurückschiebung der elementaren Lebenserscheinungen auf Bestandteile, die der sinnlichen Wahrnehmung nicht, der Erforschung also nur schwer zugänglich sein könnten; sie trägt erheblich mehr zur geistigen Beruhigung der Forscher als zur geistigen Befriedigung der Frager bei. Immer bleibt es eine Zurückschiebung — gewaltsam — und keine Zurückführung — glatt am Leitseil der Wirklichkeit. Trotz ihres fragwürdigen Wertes für den Fortschritt genießt aber die Abschiebung von Problemen, sei es aufs Nachbarland, sei es in unzugängliche Fernen, in der Wissenschaft Hausrecht, und der Verdacht, einer solchen Verschiebungstendenz entsprungen zu sein, trifft manche Theorie nicht zu Unrecht.

Dieser Verdacht scheint nun auch gegenüber dem Versuch einer Deutung der Mitochondrien als Bakterien am Platze; denn die sachlichen Stützen der Annahme sind an sich recht wenig tragfest, als Beweise jedenfalls unzureichend. Nicht etwa, daß allgemeine Bedenken im Wege stünden, einen ständigen Aufenthalt von Bakterien in gesunden Zellen anzunehmen — von kranken Zellen ist es ja allzu bekannt; im Gegenteil, man kennt sehr wohl Bakterien, die wichtige und ständige Einwohner bestimmter Zellen sind: Leuchtbakterien zum Beispiel; die Leuchtorgane der „Glühwürmchen" (Johanniskäfer), deren Glimmen die „Irrlichter" warmer Sommernächte schafft, sind nichts anderes als Zellpakete, die mit Leuchtbakterien vollgepfropft sind. Aber in diesen Fällen konnte man sowohl die bakterielle Natur der Leuchtkörperchen wirklich erweisen als auch ihre ganze Lebensgeschichte, vornehmlich die durch Infektion der Eier vermittelte Übertragung auf die Nachkommenschaft, verfolgen, während Beobachtungen von ähnlicher Eindringlichkeit und Überzeugungskraft bezüglich der als Bakterien gedeuteten Mitochondrien durchaus fehlen. Daß Mitochondrien sich gegenüber Farbstoffen so wie Bakterien verhalten, besagt noch lange nicht, daß sie wirklich Bakterien sind. Das tote Präparat kann nie als sicheres Zeugnis für Identitäten gelten. Und solange der Zellforscher auf Rückschlüsse aus dem fixierten Präparat angewiesen bleibt, ist sein Urteil vor Täuschungen nicht sicher.

Lebendbeobachtung führt zu erhöhter Sicherheit; aber auch sie gelangt vorzeitig an unübersteigbare Grenzen, wenn sie nicht das Experiment zu Hilfe holt. Experiment ist es schon, wenn man lediglich gewisse Verhältnisse, die durch reine Beobachtung nicht deutlich unterschieden werden können, verdeutlicht. Experiment ist es schon, wenn man eine Zelle einen körnigen Farbstoff, Karmin oder Tusche, aufnehmen läßt, um an der Bewegung des nunmehr hervorstechend gefärbten Inhaltes die Strömung der Substanzen im Zellinnern ablesen zu können. Experimente sind auch alle Eingriffe, durch welche man sich über den Zustand im Inneren einer Zelle zu informieren strebt, wie im folgenden geschildert werden soll:

Von der Kenntnis der Beschaffenheit des Zellinhaltes bzw. jener Substanz desselben, in welcher sich die Lebensfunktionen abspielen, hängt ab, welche genaueren Vorstellungen man sich über das Substrat der Lebenserscheinungen zu machen hat, andererseits auch, welche Vorstellungen von vornherein außer Betracht bleiben können. Einem *festen* Körper, einem starren Gerüst unveränderlich verkitteter Teile muß man ja andere Fähigkeiten zumuten als einer *flüssigen* oder *halbflüssigen* Masse verschieblicher Teile. Solange man nur über primitive Beobachtungsmittel verfügte und das viele, was dabei verborgen blieb, durch Spekulation ergänzen mußte, kam man zu keiner einheitlichen Auffassung von der Beschaffenheit der lebenstätigen Zellsubstanz, des *Protoplasma*, wie man es genannt hatte. Heute weiß man, daß das Protoplasma sich weder in flüssigem noch festem, sondern in einem Zwischenzustand befindet, den wir als gallertig bezeichnen können. Zäher Schleim gibt ein Bild dieser Konsistenz.

Die Zähigkeit konnte beim Protoplasma aber erst auf Umwegen bestimmt werden: Je fester, je zäher eine Masse ist, desto schwerer ist es, einen festen Körper in ihr zu bewegen — man vergleiche nur den verschiedenen Kraftaufwand beim Rühren in einem dünnflüssigen und in einem zähen Brei; desto langsamer auch verschiebt sich ein Körper in ihr. Die Zähigkeit des Zellinhaltes wäre demnach zu beurteilen und mit der Zähigkeit von bekannten Substanzen zu vergleichen, wenn es gelänge, die Leichtigkeit bzw. Geschwindigkeit der Verschiebung fester Körper im Zellinhalt zu beobachten. Das gelang auf folgende Weise: Jede Zelle enthält gewisse feste Einschlüsse, vornehmlich enthalten viele Eizellen kompakte Dotterkörner. Diese schweben normalerweise in mehr oder minder lockerer Verteilung im Ei. Nun galt es, sie gewaltsam zur Verschiebung zu zwingen. Das war durch Zentrifugalkraft zu erreichen. Wenn man geeignete Eier in einem Röhrchen mit einer Tourenzahl von mehreren tausend Umdrehungen in der Minute herumwirbeln läßt, so werden die Eier in das äußerste Ende des Röhrchens geschleudert, in jedem Ei aber wieder die schwereren Dotterkörner nach dem äußersten Pol des Eies getrieben; dabei müssen sie das Protoplasma durchdringen. Nach verschieden langer Zentrifugierung findet man die Zusammendrängung der Körner verschieden weit fortgeschritten; die Geschwindigkeit, mit der die Verschiebung erfolgt, ist also feststellbar. Diese Geschwindigkeit aber liefert schon, wie gesagt, das gesuchte Maß für die Zähigkeit des Protoplasmas.

Doch noch auf einem zweiten Weg ist man zum Ziel gekommen: Man ist mit mechanischen Mitteln direkt in die Zelle eingedrungen und hat sich von ihrer geringen Starrheit durch Anstich, von ihrer Zähigkeit durch Umrühren, und von ihrer Elastizität durch Dehnung überzeugt. Solche Manipulationen sind bei der Kleinheit der Zelle recht schwierig auszuführen; selbst bei den größten Zellen, den Eiern der Tiere, gehört schon beträchtliche Geschicklichkeit dazu, die Eingriffe von freier Hand aus vorzunehmen. Das wird diejenigen verwundern, die, wenn vom tierischen Ei die Rede ist, immer an das ihnen am besten vertraute Vogelei denken; ein Hühnerei anzustechen und darin herumzurühren, soll so schwierig sein? Nun, das gewiß nicht; aber was den Hauptinhalt des Hühnereies ausmacht, der gelbe und der weiße Dotter (das „Eiweiß"), das ist gar nicht die lebendige protoplasmatische Eisubstanz, deren Beschaffenheit wir kennenlernen wollen, sondern ist totes Nährmaterial, in welchem der lebendige Keim bloß als ein verschwindend kleines Scheibchen eingebettet ist. Der Keim, von dem die Entwicklung ihren Ausgang nimmt, ist in allen Eiern winzig, und große Eier sind nur groß durch ihren Dottergehalt. Da der Dotter uns bei der Beschäftigung mit dem wichtigeren Protoplasma nur stört, bevorzugen wir dotterarme, kleine Eier.

Die meisten Eier, die der Laie kennt, sind dotterreich: die Froscheier, jene dunklen Kügelchen, welche wie die Kerne von Weinbeeren aus der gallertigen Traube des Laichballens hervorschimmern, oder die Fliegeneier, jene länglichen hellen Tönnchen, die man wie kleine Pilzkolonien auf rohem Fleisch abgesetzt findet, das sind Eiformen, die wohl jeder schon einmal zu Gesicht bekommen hat. Man bekommt sie eben leicht zu Gesicht dank ihrer Größe, welche selbst wieder nur ein Ausdruck ihres Dotterreichtums ist. Die dotterarmen, hauptsächlich aus Protoplasma bestehenden Eier dagegen, an denen wir arbeiten müssen, wenn wir die Konsistenz reinen, unvermischten Protoplasmas untersuchen wollen, die entziehen sich leicht dem Blick, denn die größten unter ihnen liegen gerade an der Grenze der Sichtbarkeit mit unbewaffnetem Auge. Und um an solchen kleinen Dingern zu operieren, Kügelchen, deren Durchmesser nur Bruchteile eines Millimeters mißt, bedarf es schon einiger Handfertigkeit.

Selbstverständlich erleichtert man sich die Arbeit durch entsprechende optische Vergrößerung des Objektes. Das Mikroskop, das wertvollste Vergrößerungsmittel, solange bloß die passive Betrachtung eines ruhenden Objektes erstrebt ist, erweist sich als weniger geeignet, wenn es gilt, aktiv an dem Objekt Eingriffe vorzunehmen. Nebst manchem anderen stört der geringe Umfang des Gesichtsfeldes, und außerdem gestattet das gewöhnliche Mikroskop nur *ein*äugige Betrachtung, indessen plastisch räumliches Sehen, insbesondere die für sicheres Operieren erforderliche Tiefenschätzung nur bei *zwei*äugigem, stereoskopischem Sehen in ausreichendem Maße möglich ist. Mat hat diese Nachteile des Mikroskopes durch die Konstruktion einer binokulären Lupe nach dem Triëderprinzip der Feldstecher behoben; das Instrument ermöglicht beidäugige Betrachtung des Objektes und gewährleistet ein großes Gesichtsfeld. Es kann ruhig behauptet werden, daß die experimentelle Biologie der letzten Dezennien einen Gutteil ihres rapiden Fortschrittes der Einführung dieses Instrumentes verdankt.

Aber die Behandlung der winzig kleinen Objekte hat immer noch ihre Schwierigkeit. Die Zellen liegen nun einmal nicht in der Größenordnung, in der wir Menschen zu hantieren gewohnt sind. Alle unsere Bewegungen sind auf den Umgang mit größeren Gegenständen eingerichtet. Unserer Wahrnehmung haben wir die Welt der Zelle durch geeignete Vergrößerungsinstrumente zugänglich machen können; für unsere Eingriffe aber bleibt die Zelle klein, wie sie ist. Nur für den Anschein, nicht in Wirklichkeit können wir sie vergrößern, und wenn unsere freien Bewegungen eben zu grob und klotzig sind, um Manipulationen an der kleinen Zelle zuzulassen, so müssen wir auf Mittel sinnen, welche unsere Bewegungen verfeinern könnten. Das unwillkürliche und für unser Auge kaum merkbare Zittern der Hand, das Schleudern selbst bei ganz kleinen Bewegungen, die Unsicherheit bei versteifter und krampfhafter Führung des Arbeitsinstruments — alles das erschwert geregelte Bewegungen, die sich in der Größenordnung der Zelle halten sollen, bis zur Unausführbarkeit. Selbst die feinste Bewegung, die unsere Finger zu leisten imstande sind, müßte für die Zelle, wenn sie sehen könnte, wie ein hilfloses Getorkel erscheinen.

Es ist zwar erstaunlich, welche feinen Operationsleistungen von freier Hand aus bei entsprechender Übung trotzdem noch gelingen, und es wird später noch davon Zeugnis gelegt werden. Aber für operative Eingriffe an beliebig kleinen Zellen reicht selbst die bestgeübte Geschicklichkeit nicht zu. Hier muß der Techniker um künstliche Hilfsmittel angegangen werden. In der Technik sind bestimmte Verfahren eingebürgert, um eine schnelle Bewegung ins Langsame oder eine langsame Bewegung ins Schnelle zu übertragen. Diese gleichen Verfahren aber gestatten uns auch, umfangreiche Bewegungen in feine, und umgekehrt feine in grobe zu übersetzen. Man kann sich das leicht an einer Pendeluhr klarmachen, wenn man bedenkt, welche winzig kleine Verschiebung des Stundenzeigers durch den reichlich großen Sekundenausschlag des Pendels hervorgebracht wird; während etwa die Pendelspitze 40 cm durchläuft, verschiebt sich die Zeigerspitze nur um 0,02 cm, also um den zweitausendsten Teil. Um durch grobe Bewegungen feinst abstufbare Verschiebungen zu ermöglichen, verwendet man in der Praxis

Schrauben mit sehr flachem Gewinde: Wenn eine Schraube beispielsweise 5 Gänge auf 1 mm besitzt, so bewirkt eine volle Umdrehung eine Längsverschiebung von 1 Ganghöhe, d. i. von 0,2 mm; besitzt der Schraubenkopf einen Umfang von 20 cm (etwas mehr als 6 cm im Durchmesser), so bewirkt eine Drehung seines Randes um 1 mm, d. i. um $^1/_{200}$ der vollen Umdrehung, auch nur eine Längsbewegung der Schraube von $^1/_{200}$ der ganzen Ganghöhe, also von nur 0,001 mm. Mittels einer solchen Schraubvorrichtung ist man also in den Stand versetzt, durch die leicht von Hand aus beherrschbare Drehung von 1 mm eine 1000fach feinere Verschiebung hervorzubringen. Es ist bloß noch erforderlich, die Schrauben mit geeigneten Instrumenten in Verbindung zu bringen, und der Apparat zur Verfeinerung unserer Handbewegungen ist fertig.

Solche Apparate sind bereits einige konstruiert worden. Dadurch, daß die Schrauben in den drei Achsenrichtungen des Raumes angeordnet werden, ferner durch die Anbringung von Schrauben sowohl für Verschiebungs- als auch für Schwenkungsbewegungen kann man jedes mit diesem Schraubensystem fest verbundene Instrument in jeder gewünschten Weise frei bewegen und dirigieren, und es gehört bloß noch einige Übung in der Handhabung des Apparates dazu, um jetzt Bewegungen im Ausmaß von nur wenigen Tausendstel eines Millimeters, also Bewegungen, welche der Größenordnung der Zellen angemessen sind, völlig sicher ausführen zu können. Der Apparat heißt seiner Bestimmung gemäß „Mikromanipulator“ und sieht recht kompliziert aus. Für beide Hände sind entsprechende Vorrichtungen vorgesehen, derart, daß man mit zwei Instrumenten an die Zelle herangehen kann.

Was sind das nun für Instrumente? Nicht allein unsere geläufigen Bewegungen, sondern auch unsere gebräuchlichen Instrumente erweisen sich begreiflicherweise als viel zu grob für das Arbeiten in der Größenordnung des tausendstel Millimeters. Die Zelle anstechen und in ihr herumrühren, womit sollen wir das tun? Wer jemals eine Nähnadel unter Lupenvergrößerung betrachtet hat, weiß, daß das, was wir an ihr

Spitze nennen, in Wirklichkeit ein schön runder Buckel ist. Man kann freilich Nadeln aus Stahl bedeutend feiner zuschleifen, so fein, daß ihr Ende auch unter dem Mikroskop schon spitzig erscheint, aber diese extrem dünnen Enden sind dann wieder zu biegsam, um brauchbar zu sein. Auch sind Metalle in chemischer und elektrischer Hinsicht nicht genug indifferent, so daß unkontrollierbare Nebenwirkungen des Instrumentes auf das bearbeitete Objekt nie ganz ausgeschlossen werden können. Das bevorzugte Material für die Handwerkzeuge feiner Operationen ist denn auch nicht Metall, sondern Glas. Glas ist leicht zu reinigen, ist chemisch und elektrisch weitgehend indifferent und läßt sich im geschmolzenen Zustand zu den feinsten Instrumenten formen. Eine in einer winzigen Gasflamme aus einem dünnen Glasstäbchen ausgezogene Spitze ist eine ideale Spitze; man kann sie in beliebiger Feinheit, aber auch in einer der beabsichtigten Verwendung angemessenen Ausführung herstellen, kurz und starr oder lang und elastisch, gerade oder gebogen; man kann Ösen, Schlingen und Knäufe bilden, Glasröhrchen zu feinsten Haarröhrchen mit einer lichten Weite von nur wenigen tausendstel Millimeter ausziehen und dergleichen mehr. Jeder Biologe, der an kleinen Objekten zu experimentieren hat, pflegt sich die passenden Glasinstrumente selbst herzustellen, ist also in bescheidenem Maße sein eigener Glasbläser.

Feinste Glasnadeln sind auch die Werkzeuge, mit denen man sich unter Zuhilfenahme des Mikromanipulationsapparates Eingang in das Zellinnere verschafft. Sticht man ein rotes Blutkörperchen mit einer solchen Nadel an, so platzt es, und der Inhalt fließt aus. Viel fester gefügt ist der Inhalt der Gewebezellen; bei ihnen quillt nur an der Anstichstelle ein Bruchsack hervor, die Hauptmasse der Zelle aber bleibt beisammen. Wenn wir nun — und das war ja unsere Absicht — die Nadel im Inneren der Zelle rührend fortzubewegen suchen, so merken wir in der Tat einen beträchtlichen Widerstand; ist die Nadel biegsam, so krümmt sie sich vor Widerstand. Und auf diese Weise gewinnen wir einen Eindruck von der zähen, gallertigen Konsistenz des Zellinhaltes (Abb. 5).

Doch abermals gerät der Forscher in Gefahr, getäuscht zu

werden. Denn selbst dieses unmittelbare Herangehen an die lebende Zelle vermittelt ihm kein unverfälschtes Bild des normalen Lebenszustandes; nämlich hat sich herausgestellt, daß das Eindringen in die Zelle und das mechanische Rühren in ihr eine zunehmende Verflüssigung der Zellsubstanz mit sich bringt, so daß man leicht zu einer falschen Vorstellung von der Beschaffenheit des Protoplasmas hätte kommen können,

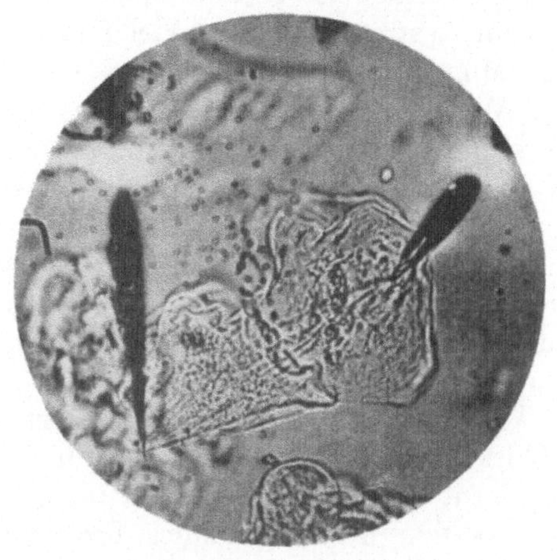

Abb. 5. Mikrophotogramm einer Mikrooperation an Zellen (Vergrößerung einige hundertfach): Zwei miteinander verklebte Zellen werden mit zwei feinsten Glasnadeln ergriffen und auseinander gezogen. Bei Betrachtung des Bildes erhält man einen unmittelbaren Eindruck von der zähen, elastischen Beschaffenheit des Zellkörpers. (Nach Chambers und Rényi.)

wenn man nicht durch andere, auf abweichende Weise erzielte Ergebnisse, beispielsweise die Zentrifugierungsversuche, vor dem Irrtum bewahrt worden wäre. Die Gefahr einseitiger und der Vorteil vielseitiger Behandlung der gleichen Frage tritt hier wieder klar vor Augen.

Nachdem man nun eine hinlänglich feine Methode zur Operation an Zellen besaß, konnte man sich auch an eingehendere Studien über die Eigenschaften des Zellinhaltes heranwagen. Zur Mikronadel gesellte sich als neues Instrument die Mikropipette, das unglaublich feine Glasröhrchen von einigen tausendstel Millimeter Durchmesser, mittels dessen man in das Zellinnere bestimmte Substanzen zu injizieren vermag. Sonst betreibt man Pipetten und Injektionsspritzen durch Druck auf ein Gummihütchen oder einen beweglichen Kolben; für die winzigen Substanzmengen, die sich einer Zelle künstlich einverleiben lassen, wäre aber ein solches Verfahren wieder viel zu derb, der leiseste Fingerdruck würde schon vergleichsweise enorme Mengen Flüssigkeit aus der Pipette zum Austreten bringen. Viel feiner läßt sich der Druck vom Mund aus durch stärkere oder schwächere Blähung der Wangen bemessen und regeln; noch eleganter ist die Herstellung geringgradigen Überdruckes in der Pipette auf folgende Art: In die einseitig verschlossene Pipette ist ein elektrisch heizbarer Draht eingebaut; schaltet man Strom ein, so beginnt der Draht sich zu erwärmen und die in der Pipette eingeschlossene Luft dehnt sich entsprechend aus, so daß die in der Pipettenmündung stehende Flüssigkeit ausgepreßt wird.

Auf diese Weise hat man die verschiedenartigsten Substanzen, deren Wirkung auf die Zelle man bis dahin nur äußerlich kennengelernt hatte, ins Zell*innere* befördern und die unmitelbare Reaktion des Zellinhaltes beobachten können. Man hat der Zelle gleichsam Fragebogen ins Haus geschickt, Substanzen, welche so gewählt waren, daß aus einer ganz bestimmten und hinlänglich auffälligen Änderung ihres Aussehens, beispielsweise aus dem deutlichen Umschlag ihrer Farbe, auf einen bestimmten Reaktionszustand des Zellinhaltes, mit welchem sie in Berührung gekommen waren, geschlossen werden konnte. Vordem hatte es immer seine Schwierigkeit gehabt, die Wirkung chemischer Stoffe auf die lebende Substanz unmittelbar zu erfassen; denn wo immer lebende Substanz in Gestalt von Zellen auftritt, erweist sie sich von einer Membran oder doch einer membranartigen Schicht umgeben, und diese Membran stellt einen Grenzwall vor, der die verschiedenen Stoffe durchaus nicht ungehindert, so, wie sie ankommen, durchläßt, sondern unter ihnen Auswahl übt, ihrem Übertritt Hemmnisse bereitet, wie die Grenzbehörde eines Landes mit gedrosselter Einwanderungsbefugnis. Erst dadurch, daß man jetzt mit der Pipette den Grenzwall durchstoßen und die chemischen Agenzien ohne Grenzkontrolle ins Zellinnere verfrachten kann, ist man von den Launen der Zelle unabhängig geworden.

Durch Injektion geeigneter Lösungen vermag man sich jetzt leicht vom Zustand des Zellinnern bzw. von dessen Verschiebungen nach der saueren oder alkalischen Seite im Gefolge bestimmter Lebensäußerungen zu unterrichten. Solche Verschiebungen sind aber von so grundsätzlicher Bedeutung für den Ablauf der Stoffwechselprozesse, für die Struktur und Konsistenz, für die Leistungsfähigkeit, ja für den Bestand der lebenden Substanz, daß die Beschaffung der Verfahren, sie direkt feststellen und untersuchen zu können, wirklich eine verdienstliche und fruchtbare wissenschaftliche Tat ist. Es kann natürlich nicht wundernehmen, daß eine solche vortreffliche Methode, wie wir das schon oben im Kapitel über Methodik bemerkt hatten, im Anfang in übertriebenem Maße ausgeschrotet und an allen möglichen Objekten, die sich nur auftreiben lassen, oft mit viel, manchmal aber auch mit weniger Sinn erprobt wird. Das liegt schon einmal so im Wesen jeder Methode.

Übrigens dürfen wir uns auch nicht darüber täuschen, daß selbst diese Methoden, die uns, unter menschlichem Gesichtspunkt betrachtet, so überaus fein anmuten, für die Zelle immer noch vergleichsweise grob bleiben. Und selbst in noch weiter verfeinerter Form werden *mechanische* Eingriffe schon von sich aus den Stempel der Roheit tragen; ein Stich zerreißt und zerquetscht nicht nur, was ihm im Weg liegt, sondern ruft auch in der Umgebung Zerstörungen hervor, deren Ausmaß sich schwer begrenzen läßt; die Verflüssigung des Zellinhaltes als schädliche Folge mechanischer Eingriffe haben wir schon oben genannt. Wenn also ein Eingriff in das Zellenleben geplant ist, der nicht, wie es zur Feststellung der mechanischen Beschaffenheit des Zellinhaltes erforderlich war, unbedingt mit mechanischen Mitteln ausgeführt werden muß, dann führen oft andere als mechanische Verfahren besser zum Ziel.

Dies gilt vor allem für örtliche Eingriffe; bei solchen kann der ganze Erfolg daran hängen, daß die Einwirkung auch tatsächlich örtlich beschränkt bleibt. Die Zelle ist ja selbst durchaus kein einfaches Gebilde, vielmehr ein hochkompliziertes System mit verschiedenartigsten Teilorganen und Teilstrukturen, und wenn auch unsere ersten Fragestellungen auf allgemeine Zellcharaktere, wie etwa oben die Konsistenz des Protoplasmas oder den Reaktionszustand des Zellsaftes, gerichtet sind, so steht daneben immer noch der besondere Charakter jedes einzelnen Zellorganes und dessen Rolle und Leistung in der Zelle und im Lebensbetrieb gesondert zur Untersuchung. Eine solche Teiluntersuchung kann aber begreiflicherweise nicht mehr in der Weise ausgeführt werden, daß man einfach irgendwo irgendwie in die Zelle hineinfährt und alles in ihr in Durcheinander bringt, wie es bei mechanischen Eingriffen in der Natur der Sache liegt. Man muß schon das einzelne Zellorgan oder den einzelnen Zellbezirk *gesondert* herausgreifen können. Über die Bedeutung und Leistung eines Bestandteiles kann man — ganz im allgemeinen, nicht bloß im Biologischen — oft nicht anders ins klare kommen, als dadurch, daß man den Bestandteil völlig ausschaltet und nun zusieht, was sich für das Ganze geändert hat; man erschließt also die Leistung aus den Wirkungen ihres Fortfalles. Gerade um nun auf einem solchen Umweg auch die Bedeutung und Leistung von Zellorganen oder Zellbezirken erfahren zu können, hat man an ihrer isolierten, örtlichen Ausschaltung ein besonderes Interesse.

Auf der Suche nach anderen als mechanischen Möglichkeiten geriet man von ungefähr auf den Einfall, mit *Strahlen* in die Zelle einzudringen und streng örtliche Wirkungen zu erzielen. Einen erfolgreichen Ansatz bedeuteten Versuche über das Verhalten von lebenden Zellen gegenüber der Einwirkung von Röntgen- oder Radiumstrahlung. Die Zelle ist nämlich diesen Strahlen gegenüber nicht in allen ihren Teilen gleichmäßig empfindlich; eine Strahlendosis, die so schwach ist, daß sie an manchen Zellteilen überhaupt keine merklichen Schädigungen hinterläßt, kann für andere Teile der gleichen Zelle schon tödlich sein. Da haben wir also gleich ein Mittel zur lokalisierten Zerstörung von Zellorganen. Der Nachteil ist nur, daß nicht wir, sondern die Zelle bestimmt, welches Organ dem Strahlentod verfällt. Und immer und in allen Zellen sind die Bestandteile, die als die empfindlichsten am ersten betroffen werden, die gleichen. Es sind das die Zellkerne bzw., noch genauer umgrenzt, gewisse, durch bestimmte Mittel gesondert färbbare Bestandteile der Kernsubstanz, die Chromatin heißen.

Wie man über die Rolle eines Zellbestandteiles durch seine lokalisierte Ausschaltung Aufklärung erhalten kann, dafür liefert gerade die Zerstörung des Chromatins durch Radiumstrahlen einen schönen Beleg: Daß im Kind Eigenschaften beider Eltern wiedererscheinen, gründet sich darauf, daß das Kind aus der Verschmelzung einer mütterlichen und einer väterlichen Keimzelle den Ursprung nimmt[1]. Am deutlichsten wird die Mischung der Erbeigenschaften im Kind bei Rassenkreuzungen. Nun hat man folgendes Experiment angestellt: Man hat bei verschiedenen Tierformen, bei welchen die Befruchtung des mütterlichen Eies durch den väterlichen Samen normalerweise außerhalb des Körpers im Wasser erfolgt und auch künstlich durch Zusammenbringen von frischem Samen mit frischen Eiern bewirkt werden kann, den Samen vor der Befruchtung einer kurzen Radiumbestrahlung unterworfen. Der Samen verlor durch die Behandlung weder seine Beweglichkeit noch seine Befruchtungsfähigkeit, lediglich sein Kernchromatin war zerstört worden. Aus den Eiern, die durch solchen Samen befruchtet waren, entwickelten sich aber Tiere, die in allem wesentlichen der Mutter glichen, vom Vater keinen Zug, keine einzige Eigenschaft mitbekommen hatten. Aufs klarste ist durch dieses Ergebnis bewiesen, daß dem bestrahlten Samen mit der Zerstörung des Kernchromatins zugleich die Fähigkeit zur Übertragung der väterlichen Erbeigenschaften verlorengegangen war, ergo das Kernchromatin wohl als der Träger und Überträger der Erbeigenschaften angesprochen werden durfte. Befruchtet man zur Gegenprobe ein radiumbestrahltes Ei mit normalem Samen, so entwickeln sich Tiere, die dem Vater gleichen. Da die Entwicklung trotz der Bestrahlung des Eies in weitem

[1] Vgl. ds. Sammlg. Bd. 2.

Maße normal verlaufen kann, ersieht man, daß durch die Radiumwirkung tatsächlich eine ganz lokalisierte Ausschaltung des Kernes ohne sonstige gröbere Schädigung der Keimzelle erzielt wird.

Indessen ist uns für andere Zellbezirke als den Zellkern mit dieser Methode nicht geholfen; denn wenn wir auch die Strahlendosis so weit steigern können, daß auch andere, weniger empfindliche Zellteile betroffen werden, greift die Schädigung dennoch immer zuerst auf die empfindlicheren, die man intakt wünschen würde, über. Eine lokalisierte Bestrahlung eines engen Zellbezirkes mit Radium- oder Röntgenstrahlen ist aber technich nicht möglich. Das hat dazu geführt, daß man zu einer anderen Strahlengattung überging, die sich gut lokalisieren läßt und auch schädigend auf die lebende Substanz wirkt: Ultraviolettstrahlung.

Mancher Leser wird stutzen, daß wir hier die Ultraviolettstrahlung als schädigend betrachten, während wir sie im vorigen Kapitel im Gewand der mitogenetischen Strahlung als förderlich für die Zellteilung beschrieben hatten. Aber hier wie bei vielen anderen biologischen Wirkungen ist die Richtung der Wirksamkeit eine Frage der Dosis; das gleiche Agens, das in schwacher Dosis lebensfördernd wirkt, kann in starker Dosis hemmen oder gar töten. Das ist eine so allgemeine biologische Erfahrung, daß man sie gar schon als Gesetz verkündet hat. Daß die meisten unserer anregenden Genußmittel in starker Dosis schwere Gifte sind, weiß wohl jeder. Aber auch von der Ultraviolettstrahlung haben sicher viele schon am eigenen Leib den Umschlag von günstiger zu schädlicher Wirkung bei Überschreitung der zulässigen Dosis erfahren: beim „Sonnenbrand", einer entzündlichen Zerstörung des Hautgewebes durch übermäßige Ultraviolettstrahlung. In erheblicher Intensität angewandt, töten die Ultraviolettstrahlen also die gleiche Zelle, die sie in schwacher Intensität als mitogenetische Strahlung zur Teilung erregt hätten.

Wenn man nun ein Bündel Ultraviolettstrahlen so weit im Umfang abblendet, daß es bloß noch wenige tausendstel Millimeter Durchmesser behält, so kann man jeden gewünschten

Zellbezirk von gleichem Durchmesser isoliert zur Abtötung bringen, indem man ihn in die Bahn des Strahles bringt. Statt mit mechanischen Nadeln sticht man also die Zellbezirke, die man auszuschalten beabsichtigt, mit Lichtstrahlen an. Zur Erzeugung des Ultraviolettlichtes dient eine besondere Art von Lichtquelle; um die Lage des Strahles, der ja für das menschliche Auge nicht sichtbar ist, bestimmen zu können, muß man erst eine fluoreszierende Schicht in den Strahlengang einschalten, die an der Durchtrittsstelle des Strahles aufleuchtet.

Selbstverständlich bedarf es zur sicheren Handhabung einer solchen Methode erst umfangreicher Vorversuche, um erst einmal die zweckdienliche Intensität und Dauer der Bestrahlung und auch die Durchgängigkeit des Objektes für die Strahlung festzustellen, lauter Faktoren, die von Objekt zu Objekt schwanken. Allerdings wird man da manche Vorarbeit durch die Strahlenforschung geleistet finden, jene Forschungsrichtung, welche sich gerade mit den Wirkungen strahlender Energie auf die Lebensprozesse beschäftigt und welche nicht, wie wir im vorigen, die Strahlenwirkung bloß als Hilfsmittel für andersgerichtete Untersuchungen, sondern als eigentlichen Gegenstand ihrer Untersuchung betrachtet. Abermals, wie schon oben bei der Schilddrüsenwirkung auf die Metamorphose, stoßen wir hier auf die doppelte Einstellung gegenüber einer biologischen Erscheinung. Was dem einen *Forschungsobjekt* ist, nimmt der andere ohne viel Kopfzerbrechen so, wie es ist, erklärt oder unerklärt, als *Hilfsmittel* in Anspruch. Es braucht der Chemiker nicht viel danach zu fragen, wie die Schilddrüsenstoffe die Verwandlung eines Frosches erzwingen — ihm genügt, daß er die Verwandlung als praktischen Indikator für die Wirksamkeit seiner Präparate benützen kann. Und für die Forscher, welche den Lichtstrahl als Instrument bei der Zelloperation benützen, bleibt die Hauptsache, *daß* Zellsubstanz, nicht aber, *wie* sie durch den Strahl getötet wird. Der eine arbeitet *mit* einer Erscheinung, der andere *an* ihr; beide aber tauschen vorteilhafterweise ihre Erfahrungen aus und bringen einander Hilfe und Anregung. Jede fortschreitende Forschungsarbeit gerät zu immer neuen Anknüpfungspunkten mit fremder Arbeit, tausende fremde Wege werden gekreuzt oder auch streckenweise mitbenützt. Unvermutet findet man oft die Vorarbeit für eigene Forschungen schon von anderen ausreichend besorgt, selbst aber wieder leistet man ohne Vorsatz manche nützliche Vorarbeit für andere Arbeitsrichtungen und ahnt gar nicht, für welche alle. Das ist diese innige Verflechtung aller wissenschaftlichen Teilarbeit, die uns selbst die an sich unbedeutendste wissenschaftliche Arbeit höher bewerten läßt, als sie es, für sich genommen, verdiente; denn nie läßt sich vorhersagen, ob, was uns heute unbedeutend scheint, nicht morgen schon als Vorarbeit oder gar als Keim für eine künftige höchst bedeutsame Leistung gepriesen werden muß.

Wir haben nun an einigen Beispielen kennengelernt, mit welchem Aufwand an Geschick, Erfindungsgeist und technischem Behelf der Zellforscher die Schwierigkeiten, die ihm die Untersuchung der Zelle infolge ihrer Kleinheit bereitet, zu meistern trachtet. Aber die Kleinheit ist ja gar nicht das einzige Hemmnis, das die lebende Zelle ihrer Erforschung bereitet. Es ist da ein zweites, das, da es in der Eigentümlichkeit des Lebens selbst begründet ist, nicht mehr mit technischen Kniffen allein bewältigt werden kann: nämlich die Verbundenheit und wechselseitige Abhängigkeit der Körperzellen untereinander, die bei höheren Organismen lebenswichtig ist. Die Leistungen der verschiedenen Organe und Gewebe beim höheren Tier sind so weitgehend spezialisiert, daß selbst die allgemeinen, allen Zellen über ihre Spezialisierung hinweg gemeinsamen, also die elementaren Lebensfunktionen der geordneten Funktion des Gesamtkörpers nicht entraten können. Jede Zelle atmet, jede Zelle nährt sich, nimmt Stoffe auf, gibt Stoffe ab, aber für die Zufuhr von Sauerstoff und Nahrung und für die Abfuhr der Stoffwechselprodukte wird durch einen eigenen Säftestrom, Blut und Lymphe, gesorgt. Fehlt er, so stirbt die Zelle. Wir können also die lebende Zelle gar nicht isoliert untersuchen, wenn schon allein die Isolierung sie tötet. Freilich gibt es auch Zellen, die isoliert leben können: die Ei- und Samenzellen, und sie stellen daher wirklich ein sehr geeignetes Material für allgemein-zellbiologische Untersuchungen. Wenn wir aber nicht mehr nach den allgemeinen, sondern gerade nach den besonderen Eigenschaften der verschiedenen Typen von Gewebezellen fragen, dann müssen wir natürlich die Keimzellen verlassen und uns den einzelnen Gewebezellen zuwenden. Wie aber diese aus dem Körper isolieren derart, daß die Isolierung nicht ihren Tod bedeutet? Diese Frage beantwortet uns ein Blick in die Werkstatt der „*Gewebezüchtung*", in die wir uns durch eine Arbeit leiten lassen, die heißt:

„*Physiologische Eigenschaften mesenchymaler Zellen in vitro*[1]."

Wir geben ein Szenarium dieser Werkstatt. Von der üblichen Einrichtung, wie sie auch in anderen biologischen Laboratorien zur physikalischen, chemischen, physiologischen und mikroskopischen Untersuchung der Gewebe bereitgestellt ist, sehen wir ab. Es gibt genug des Besonderen: Da sind Vorräume mit merkwürdigen Temperaturextremen, in einer Ecke ein großer Eisschrank, in der anderen eine Heißluftkammer und ein Dampftopf. Brutschränke hängen an den Wänden, elektrisch geheizt und durch Regler auf konstanter Temperatur gehalten; ihr Thermometer zeigt etwa 38^0 Celsius, also schwache Fiebertemperatur für den Menschen. Eine Zentrifuge, tausender Minutenumdrehungen fähig, hängt frei an Ketten von einer Konsole. Dann betreten wir den Hauptraum: eine Werkstatt? Weit eher ein Baderaum, scheint es. Weiß in weiß, Kacheln der Boden, Kacheln die Wände, Ölstrich die Decke, alles immer frisch gewaschen, ein paar Tische, Wasserleitung; sonst fast nichts. Auf weißem Stuhl vor jedem Tisch ein vermummter Mensch in langem Operationskittel, Mütze auf dem Haar, Maske vor dem Gesicht, bloß die Augen frei. Und er hantiert unter seltsamem

---

[1] „Mesenchymal" nennt man gewisse Zellen gemeinsamen Ursprungs, welche hauptsächlich Blut, Bindegewebe und Skelettgewebe bilden. „in vitro" heißt „im Glase" und bedeutet so viel wie „außerhalb des Organismus".

Gehaben mit gläsernem Zeug und Flüssigkeiten. Er züchtet Körpergewebe unter Glas!

Jawohl, es ist wirklich gelungen, Zellen und Gewebe aus dem Körper zu isolieren, ohne ihr Leben zu opfern; sie nicht etwa nur eine Zeitlang überlebend zu halten, ihr Absterben zu verzögern, sondern ihnen ihre volle Lebenstüchtigkeit und Lebenstätigkeit zu bewahren. Es ist das auf die Weise gelungen, daß man sich gefragt hat: was verlieren denn die Gewebe durch ihre Auslösung aus dem Körper? und ihnen dann außerhalb des Körpers das Verlorene nach Möglichkeit zu ersetzen getrachtet hat.

Ganz grob tastend hat es begonnen. Das isolierte Stück durfte nicht austrocknen; in reinem Wasser aber, das wußte man, ersäuft es. Lange schon hatten die Physiologen, um die Funktion, wo sie ihnen am lebenden Organ nicht zugänglich war, wenigstens am überlebenden Organ untersuchen zu können, anstatt reinen Wassers geeignete Salzlösungen (nach den Entdeckern Ringerlösung, Lockelösung usw. genannt) ausfindig gemacht, deren Zusammensetzung einigermaßen dem normalen Milieu der Organe entsprach. Widerstandsfähige Organe behielten in diesen Lösungen für Stunden, ja Tage ihre Funktionsfähigkeit, Herzen schlugen, Muskeln zuckten, Blutzellen krochen darin weiter. Dann aber, nach Stunden oder Tagen, starben auch sie, verhungert oder vergiftet; denn Salz ist keine zureichende Nahrung. Länger halten Organe durch, die aus dem Embryo isoliert worden sind, denn erstens sind sie an und für sich noch selbständiger als später im fertigen Körper, und zweitens enthalten sie einen gewissen Vorrat an Nährmaterial vom Ei her. Es muß ein aufregendes Erlebnis gewesen sein, als ein Anatom eines Tages einer großen Versammlung in einem Schälchen das schlagende Herz eines Froschembryos vorzeigte, das schon tagelang in Salzlösung lebte, ja, sich überhaupt erst darin soweit entwickelt hatte.

Vertragen embryonale Organe die Isolierung aus dem Körper und den Aufenthalt in der Salzlösung auch länger als die entwickelten Organe, so vermögen dennoch auch sie nicht auf die Dauer unter solchen Bedingungen zu leben. Da kam ein

Forscher auf den Gedanken, die Gewebe anstatt in eine Salzlösung in *Körperflüssigkeit* einzubetten. Das war die entscheidende Tat, denn die Körperflüssigkeit enthält wenigstens die wesentlichen Stoffe, deren die Gewebe zum Leben bedürfen; ist sie es doch, die auch im Körper den Geweben diese Stoffe zubringt.

Bemerkenswert und für die Entstehung der meisten fruchtbaren biologischen Methoden kennzeichnend ist, daß der Forscher, der diese hier fand, keineswegs darauf ausgegangen war, ein allgemein brauchbares Verfahren zu entwickeln, sondern nur nach einem Weg, sein spezielles Problem zu lösen, suchte. Sein Problem war die Entwicklung der Nerven; von den langen Nervenfasern behaupteten die Anatomen sehr Widersprechendes, die einen, daß es Ausläufer und Abkömmlinge der im Gehirn und Rückenmark liegenden Nervenzellen wären, die anderen, daß es Fasern wären, die durch die Verschmelzung von im Körper draußen liegenden, kettenförmig aneinandergereihten Zellen entstünden. Der Streit, der sich lediglich um die Interpretation der toten Schnittbilder drehte, war wie viele ähnliche festgefahren; wir sagten es schon: zur Erkenntnis des Lebendigen reicht das tote Bild nicht immer zu. Es war wohl ein kühnes Unternehmen, als da ein Forscher das Lebendige selbst zu befragen wagte: Man nehme doch einmal eine jener als Nervenbildungszellen vermuteten Zellen aus dem Rückenmark des Embryos heraus und sehe zu, ob sie wirklich die langen Nervenfasern aus sich hervorsprießen lassen, wie jene erstere Anschauung es verficht! Und er ging hin, entnahm dem Froschembryo ein paar Nervenzellen, bettete sie in Froschlymphe und siehe: sie blieben am Leben, und tatsächlich wuchsen aus ihnen lange Nervenfasern hervor, ohne Körper und ohne Mithilfe fremder Zellen. Das Experiment hatte wieder einmal seine Überlegenheit über Beobachtung samt Spekulation erwiesen und nicht nur das Ende eines alten wissenschaftlichen Streites, sondern zugleich den Anfang einer neuen Entwicklungsphase der Zellforschung gebracht.

Die primitiven Mittel, mit denen die ersten Versuche einer künstlichen Gewebezüchtung angestellt waren, sind fortschreitend verbessert worden, und wenn man die komplizierten Vorrichtungen und die raffiniert angelegten Laboratorien, in denen diese Forschung heute betrieben wird, betrachtet, erscheint einem natürlich das Alte überholt. Dennoch, am Prinzip hat sich seit den ersten Tagen nichts geändert, und man bestaunt immer von neuem, mit wie einfachen Mitteln ein genialer Biologe die bedeutsamsten Leistungen vollbringen kann. Komplizierter sind die Verfahren der Gewebezüchtung in erster Linie dadurch geworden, daß man nicht beim Frosch stehengeblieben ist, sondern die Gewebe der warmblütigen Tiere mit in den Kreis der Bearbeitung gezogen hat.

Das Warmblütergewebe, das im Körper durch den kreisenden Blutstrom auf gleicher Temperatur gehalten wird — auf etwa 37 ^{0} beim Säugetier, einige Grade höher beim Vogel —, verlangt auch außerhalb des Körpers seine gewohnte Temperatur, um lebenstätig zu bleiben. Also muß man durch die Wärme des Brutschrankes die Wärme des Blutes ersetzen. Diese hohe Temperatur hat aber auch ihre Nachteile: sie ist nämlich nicht bloß der Lebenstätigkeit der Gewebe, sondern auch der Entwicklung von allerhand Bakterien höchst förderlich. Während aber im Körper verschiedenartige Schutzeinrichtungen vorgesehen sind, durch die der Wucherung schädlicher Keime Einhalt getan wird, Einrichtungen, die ständig, in ganz besonderem Maße jedoch bei Infektionskrankheiten, in Betrieb stehen, fehlen den isolierten Geweben wirksame Mittel, um sich gegen einen Ansturm von Bakterien zu wehren. Man kann sich und den Geweben also gar nicht anders helfen als dadurch, daß man von vornherein eine bakterielle Infektion des isolierten Gewebes peinlichst vermeidet, d. h. streng aseptisch arbeitet. Und diese Vorschrift ist es in erster Linie, die die Züchtung der Warmblütergewebe zu einer so umständlichen Angelegenheit macht. Wir werden es gleich merken, wenn wir, was jetzt geschehen soll, einem Gewebezüchter einmal bei seiner Tätigkeit zuschauen.

Auf frisch sterilisiertem Tischtuch stehen Fläschchen, Glasdosen, feine Instrumente und Ständer mit Pipetten (Glasspritzen wie zum Füllen von Füllfederhaltern). In einem Uhrschälchen in Flüssigkeit schwimmt das frische Herz eines

Hühnerembryos (ständig steht ein Brutschrank voll von Hühnereiern, damit immer Embryonen geeigneten Alters zur Hand sind). In der einen Pipette ist Blutplasma eines erwachsenen Huhnes eingesogen.

Wenn man das so hört, ahnt man nicht die verwickelte Vorgeschichte des Blutplasmas, ehe es zum Gebrauch kommt. Blutplasma, das ist die zellenfreie Blutflüssigkeit; wie das Blut selbst, hat sie die Eigenschaft, an der Luft, in der Wärme, zumal bei Benetzung rauher Flächen, zu erstarren. zu gerinnen. Um die Gerinnung zu vermeiden, bedarf es einer ganzen Reihe von Vorkehrungen. Und bakterienfrei muß es, wie gesagt, auch bleiben. Dem erwachsenen Huhn wird das Blut in Äthernarkose entnommen; es ist ein Aderlaß, der das Leben des Tieres nicht weiter gefährdet — nach dem Erwachen aus der Narkose gackert das Tier davon. Aber es bleibt gut in Beobachtung, damit, falls sich in den Geweben, die in seinem Blut gezüchtet werden, ungewöhnliche Abweichungen zeigen sollten, der Versuch mit Blut von dem gleichen Spendertier wiederholt werden könne. Die blutspendenden Hühner müssen auch sonst gut bekannt sein; man muß sicher sein, daß sie von Infektionskrankheiten und von Krebs frei sind, und muß ihr Alter kennen, denn „das Alter steckt ihnen im Blut". Man hat nämlich beobachtet, daß das gleiche, außerhalb des Körpers gezüchtete Gewebe im Blut alter Tiere viel schlechter wächst als im Blut junger Tiere, daß also offenbar mit zunehmendem Alter das Blut eine dem Wachstum nicht günstige Beschaffenheit annimmt; deshalb muß man das Alter der Blutspender kennen. Das Blut wird frisch unter allen Vorsichtsmaßnahmen chirurgischer Asepsis entnommen. Durch Zentrifugieren in sterilen, paraffinierten Röhrchen bei hoher Umdrehungsgeschwindigkeit wird dann das Blutplasma von den Blutzellen geschieden und, um nicht zu gerinnen, im Eisschrank aufbewahrt. Jetzt finden wir es in der einen Pipette auf dem Tisch des Operateurs.

In einer zweiten Pipette steht verdünnter Embryonalextrakt, hergestellt aus zu Brei zerriebenen Embryonen bestimmten Alters, auch dieser durch Zentrifugierung von den Zellen befreit. Dieser Embryonalsaft hat zwei nützliche Eigenschaften: einmal enthält er nebst Nährstoffen Substanzen, welche das Wachstum fördern — er soll sogar, auf Wunden aufgetragen, die Heilung merklich beschleunigen —, und zum anderen bringt er bei Mischung mit flüssigem Blutplasma dieses zum Gerinnen.

Alles zum Ansetzen einer Gewebekultur ist nun vorbereitet, und die Operation beginnt: Das Embryonenherz in der Flüssigkeit wird in kleine Stückchen von der Größe etwa eines Stecknadelkopfes zerschnitten; auf ein dünnes durchsichtiges Plättchen aus Glas oder Glimmer wird ein Tropfen Blutplasma aus der Pipette aufgetropft, eines der Herzfragmente hineingebracht, ein Tropfen Embryonalsaft zugesetzt, verrührt und das Ganze schnellstens mit einem napfförmig hohlgeschliffenen, flachen Glasquader überdeckt.

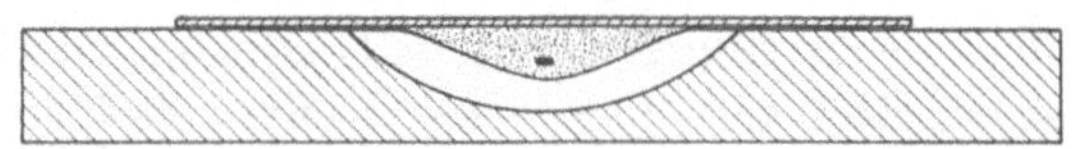

Abb. 6. Schematischer Längsschnitt durch eine Gewebekultur in annähernd natürlicher Größe. Auf dem dünnen Deckglas (////) hängt der Tropfen geronnenen Blutplasmas (punktiert), in welchem das lebende Gewebestück (schwarz) eingebettet ist; das Ganze ist in die Wölbung eines hohlgeschliffenen Glasquaders (\\\\) eingeschlossen. (Original.)

Schnell muß darum gearbeitet werden, weil während der Manipulation sowohl das Gewebe als auch die Einbettungsflüssigkeit offensteht und durch Bakterien aus der Luft infiziert werden könnte; trotz aller Vorsicht kann ja die Luft des Raumes nie ganz keimfrei erhalten werden. Die Beimischung des Embryonalsaftes zum Blutplasma bringt den hellgelben Tropfen zum Gerinnen, und das kleine Herzfragment befindet sich nun inmitten einer durchsichtigen Nährgallerte eingeschlossen (Abb. 6).

Anfängern passiert bei der Manipulation immer allerhand Unglück, und es ist amüsant, mitzuerleben, wie lange es eigentlich dauert, bis einer dieses so einfach scheinende Verfahren beherrscht. Bald gerinnt der Tropfen zu früh und bleibt an dem umrührenden Messer haften, bald wieder gerinnt er zu spät und rinnt fort, ein andermal wieder hat doch ein Staubkörnchen der Luft eine Siedlung Bakterien in den

Tropfen geschmuggelt, und dergleichen Widerwärtigkeiten mehr.

Die Nährgallerte mit dem Gewebestück darin nennen wir „Gewebekultur“. Die Kultur sitzt oder hängt auf Glas und ist wieder mit Glas überdacht, infolgedessen jederzeit unserem Einblick und der Betrachtung im Mikroskop zugänglich. Wir haben also Zellen, die vordem tief drinnen im Körper ein verborgenes Leben führten, gewaltsam hervorgeholt, herausgegriffen aus ihrer gewohnten Umwelt und ihnen neue Bedingungen geschaffen, die, wie wir gleich noch sehen werden, ihren Bedürfnissen weitgehend gerecht werden: Wir haben das lebende Gewebe mit körpereigenen Nährstoffen im Überfluß umgeben, wir haben ihm in dem Luftraum, der mit im Glas eingeschlossen wurde, Sauerstoff zum Atmen gelassen und haben es vor feindlichen Bakterien behütet. Jetzt stellen wir es noch in den Brutschrank in die Temperatur, die es im Körper gewohnt war, und warten nun einmal einen Tag zu.

Anderntags nun: Wie sehr verändert finden wir das Stück! Wir sehen das Herz, das am Tag vorher in der Kälte des Arbeitsraumes seine rhythmische Schlagtätigkeit schon eingestellt hatte, nunmehr als Fragment wieder kräftig schlagen; d. h. mehrmals in der Minute geht eine heftige Zukkungswelle durch das Stück, es lebt und arbeitet. Aber mehr noch: Gestern war es durch die Schnittränder allseits scharf begrenzt gewesen; heute aber sehen wir ringsum über die alten Schnittränder hinaus Strähne von Zellen frisch ausgetreten und in die Umgebung, in die Nährgallerte hinein, vorgewachsen. Warten wir noch einen Tag länger zu, so finden wir das alte, ursprünglich ausgepflanzte Stück bereits im ganzen Umfang von einer breiten und dichten Strahlenkrone frisch ausgewachsener Zellen umrandet, die in feinem Geflecht das Plasmagerinnsel durchziehen und einen zusammenhängenden Saum aus neugebildetem Gewebe um das festgefügte Mittelstück des alten Gewebes bilden (Abb. 7).

Das ausgepflanzte Gewebe bleibt also, wie wir sehen, nicht etwa nur dürftig am Leben, sondern entfaltet eine geradezu zügellose Wachstumstätigkeit: als wären sie von drückenden

Fesseln befreit, schwärmen die Zellen — man möchte sagen: in jugendlicher Ungebundenheit — nach allen Seiten aus und wachsen und vermehren sich durch Teilung, so rege sie nur können; denn nicht vielleicht bloß dem Auseinander-

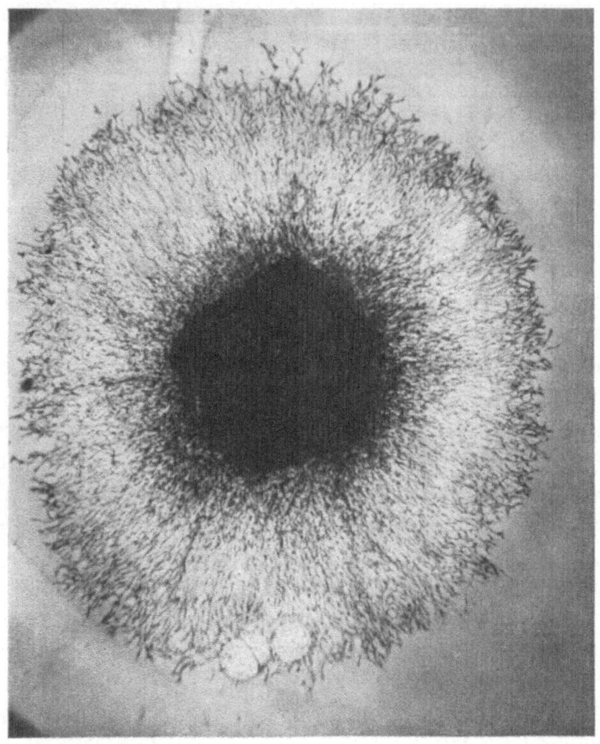

Abb. 7. Mikrophotogramm einer unter Glas gezüchteten Gewebekultur (gefärbt), Vergrößerung etwa 20fach; das schwarze Mittelstück stellt das alte, ausgepflanzte Gewebefragment vor; rings um dieses sieht man eine breite, dichte Zone von Zellen angeschlossen, welche im Laufe von 2 Tagen aus dem Mittelstück hervorgewachsen sind. (Original.)

laufen der Zellen, sondern richtiger Vermehrungstätigkeit verdankt die neue Gewebezone ihre Entstehung (Abb. 8). Zügellos teilen sich die Zellen weiter, und schon nach zwei Tagen kann der Umfang der Kultur auf mehr als das Fünffache angewachsen sein. Sie scheinen aber nicht nur, sondern sind auch wirklich von Fesseln befreit: von den Bindungen nämlich, die ihnen, als sie noch im Organismus eingegliedert waren, dieser selbst auferlegt hatte. Es ist dafür gesorgt, daß die Bäume nicht in den Himmel wachsen, und der Organismus weiß das Wachstum seiner Teile, solange sie ihm eingegliedert sind, gebührend zu zügeln: Räumliche Enge, Beschränkung der Zufuhr an Nähr- und Baustoffen, Konkur-

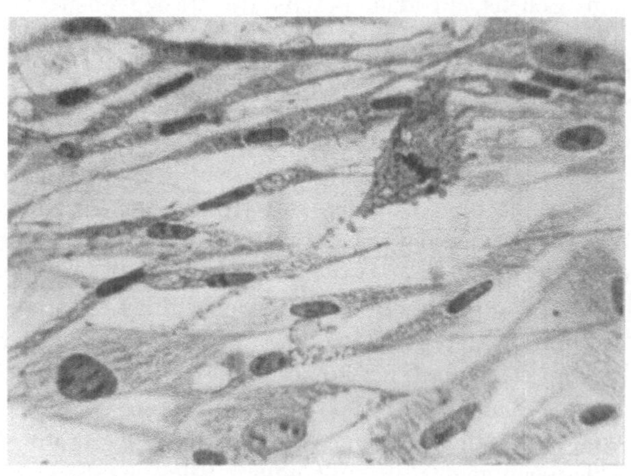

Abb. 8. Einige Zellen aus der in Abb. 7 dargestellten Gewebekultur bei stärkerer mikroskopischer Vergrößerung (430fach). Die eine plumpe Zelle rechts oberhalb der Mitte des Bildes ist eine in Teilung begriffene Zelle; man sieht im Zentrum dieser Zelle die „Chromosomen", die Träger der Erbeigenschaften, dicht aneinandergereiht, ihrer gleichmäßigen Aufteilung auf die beiden Tochterzellen harren. (Original.)

renz der Organe untereinander und überdies das Eingreifen von eigenen, dem Wachstum hinderlichen Substanzen, all das hält das Wachstum *im* Körper im Zaum. Jetzt holen wir das Gewebe plötzlich aus dem Körper heraus, geben ihm Raum, Nahrung, Entfaltungsfreiheit im Überfluß, gewähren ihm mit dem Embryonalsaft gar wachstumsfördernde Substanzen — da muß doch ein über alles Maß ausschreitendes Sprossen und Wuchern losgehen.

Und diesem Sprossen und Wachsen unter Glas schauen wir zu mit einem Gleichmut, als wäre es nicht das reinste Wunder. Ist es aber nicht schier ein Wunder, was da geschieht: Ein beliebiges lebendes Stück wird aus seiner dunkeln Verborgenheit und Verbundenheit im Organismus herausgefaßt, hervorgeholt ans Licht, und wird gezwungen, in einfachen, übersichtlichen Verhältnissen, unter unseren Augen, ständiger Beobachtung zugänglich, weiterzuleben, weiterzuagieren und uns den unmittelbaren Einblick in eine der Grundeigenschaften allen Lebens, in das Wachstum, freizugeben!

Nun freilich sieht man das Wachstum in der Kultur nicht unmittelbar, ebensowenig wie man Gras wachsen sieht; dazu geht das Wachstum denn doch zu langsam vor sich. Man merkt nur die Fort*schritte*, aber nicht das Fort*schreiten*. Fertigt man alle paar Stunden mit Hilfe eines Zeichenapparates bei entsprechender Vergrößerung eine genaue Umrißzeichnung der Kultur an, so kann man das Vorrücken der Peripherie gerade noch erkennen. Neuerdings ist man aber doch auf ein Mittel gestoßen, das Wachsen selbst der unmittelbaren Wahrnehmung zugänglich zu machen, und dieses Mittel ist die Kinematographie mit Zeitraffung.

So wie man einen unüberschaubar großen Raum durch ein Verkleinerungsglas auf mit einem Blick erfaßbaren Umfang zusammenrücken kann, so kann man mit Hilfe des Films auch einen langen Zeitraum zu einer kürzeren Dauer zusammendrängen und dadurch das Geschehen, das in diesem Zeitraum spielt, für den Augenschein beschleunigen. Einer solchen scheinbaren Beschleunigung bedarf es aber, um ein besonders langsames Geschehen der unmittelbaren Auffassung überhaupt erst zugänglich machen zu können; denn so wie wir die Raumgestalt eines Berges nicht erfassen können, wenn wir unmittelbar davorstehen, sondern erst, bis wir aus der Ferne am verkleinerten die Verhältnisse überschauen können, so werden uns auch „Zeitgestalten“, d. i. der zeitliche Wechsel irgendwelchen Geschehens, nur dann offenbar, wenn das Geschehen nicht über einen zu langen Zeitraum hin zerdehnt ist. Wenn man von einem Lied jede Stunde einen Ton singen wollte, so würde niemand wohl vom bloßen Zuhören die Melodie erfassen; läßt man die

Töne aber im Abstand von nur einer Sekunde aufeinanderfolgen, so ist die Melodie sofort klar. Die Auffassung langsamer Geschehnisse wird also durch Beschleunigung, Verkleinerung der zeitlichen Zwischenräume, durch „Zeitraffung" erleichtert. Dadurch, daß man eine unmerkliche Veränderung, die in Wirklichkeit eine Stunde dauert, beispielsweise in einer Sekunde vorführt, macht man sie merklich. Indem man also von einem unmerklich wachsenden Gegenstand einmal in der Minute eine Aufnahme macht (selbstredend bei vollständig unveränderlichem Standort des Aufnahmeapparates), bei der Vorführung aber die Filmaufnahmen mit der üblichen Kinematographengeschwindigkeit von 16 bis 20 Bildern in der Sekunde abrollen läßt, sieht man und erlebt man eben in 1 Sekunde die Veränderung der 16 Bilder, d. i. das Geschehen von 16 Minuten und in 1 Minute das Geschehen von 16 Stunden; mit anderen Worten: die Geschwindigkeit des kinematographierten Vorganges erscheint rund vertausendfacht. Mit der Kinematographie von Blumen hat man begonnen, hat durch entsprechende Zeitraffung in wunderbarer Einprägsamkeit das Wachstum der Knospe, die Entfaltung der Blüte, ihre Tag- und ihre Schlafbewegungen vor Augen führen können; man sieht den Tag- und Nachtrhythmus, das Auf und Zu, nicht anders, wie man sonst das Heben und Senken der atmenden Brust zu sehen gewohnt ist. Später hat man Entwicklungsvorgänge von Tieren in der gleichen Weise verdeutlicht. Man hat beispielsweise in die Schale des Hühnereies dort, wo der Keim sich entwickelt, ein Fenster geschnitten und durch dieses hindurch die Entwicklung des Embryo kinematographisch aufgenommen, oder hat die Entwicklung der Eier von Meerestieren durch die durchsichtigen Eihüllen hindurch aufgenommen. Nicht die großartigste Vorstellungskraft hätte uns jemals ein auch nur annähernd so anschauliches Bild von diesen Vorgängen vermitteln können.

Auch das der Zeitraffung entgegengesetzte Verfahren, die zeitliche Zerdehnung, die scheinbare Verlangsamung eines für unser Auffassungsvermögen zu rasch ablaufenden Vorganges, findet in der biologischen Kinematographie Verwendung, vor allem zur Auflösung rascher Bewegungen. Selbst unseren eigenen, vergleichsweise langsamen Bewegungen vermögen wir nicht immer mit den Augen zu folgen. Es ist ganz ausgeschlossen, in der Trillerbewegung des Pianisten den einzelnen Anschlag wirklich zu sehen. Wie langsam aber ist die Trillerbewegung mit den paar Wiederholungen in der Sekunde, verglichen mit dem Schwirren des Insektenflügels! Ein Insekt kann in einer Sekunde..., ja, wie soll man eigentlich bestimmen, wie viele Flügelschläge es in einer Sekunde machen kann? Man fürchte nicht, daß das wieder ein Anlauf zur öden Beschreibung einer langweiligen und umständlichen Methode wird, an der der Leser wenig Interesse nimmt. Nein, die Sache ist ganz einfach und ansprechend zu lösen: Das Schwirren hören wir als Summen oder Surren, der Ton rührt von den rhythmischen Stößen, die die Luft durch die rhythmischen Schläge der Flügel erfährt; soviel Schläge, soviel Stöße. Umgekehrt können wir also aus der Höhe des Summtones — wir wissen ja aus der Physik, welche Schwingungszahl jedem Ton zugehört — die Zahl der Flügelschläge sozusagen abhören. Es können das einige Hundert sein (das Normal-A hat 435 Sekundenschwingungen). Um derart rasche Bewegungen im einzelnen untersuchen zu können, reicht unser Auge natürlich erst recht nicht zu. Und es gibt noch viel raschere Bewegungen in der Tierwelt. Hier hilft wieder nur die Kinematographie. Man hat Aufnahmeapparate konstruiert, welche einige tausend Bilder in der Sekunde aufnehmen können, und wenn man einen solchen Film dann mit der üblichen Geschwindigkeit (16 Bilder pro Sekunde) ablaufen läßt, erscheinen die aufgenommenen Bewegungen um weit mehr als das Hundertfache verlangsamt, so daß wir ihnen mit den Augen unschwer folgen können.

Dies war nur der Vollständigkeit halber hinzuzufügen. Die Zellforschung nimmt nur an der Kinematographie mit Zeit*raffung*, an der optischen Beschleunigung extrem langsamer Geschehnisse, Interesse. Und nachdem man an einfachen Objekten, an Blumen und — schon unter Zuhilfenahme des Mikroskopes — an sich entwickelnden Eiern hinlänglich

Erfahrungen gesammelt hatte, konnte man sich an die komplizierteren Objekte, an die unter Glas gezüchteten Gewebekulturen, heranwagen. Einige Pioniere, die, wie sooft in der Wissenschaft, durch Hingabe an ihr Werk ersetzen mußten, was ihnen an technischen Hilfsmitteln fehlte, standen Tag und Nacht auf ihrem Posten und drehten Minute für Minute die Kurbel des Aufnahmeapparates um ein Bild weiter. Wer mehr Mittel besaß, konnte sich eine automatische Vorrichtung zu dem gleichen Zweck leisten. Die Gewebekulturen mußten selbstredend unter dem Mikroskop im Brutschrank gefilmt werden, und es gab genug ungeahnte Schwierigkeiten zu überwinden. Aber die Mühe lohnte sich wahrlich. Denn als dann der Vorführungsapparat die fertigen Filme abrollen ließ, das Wachstum von Tagen in wenige Minuten zusammengedrängt, da war es wie eine Offenbarung, was man da zu sehen bekam. Jahrelang war man unter dem Mikroskop dem Wachstum, so langsam es auch ging, gefolgt, hatte Zellverschiebung und Zellvermehrung beobachtet und durfte wohl glauben, daß man etwas davon wüßte; aber jetzt, wo man es plötzlich in auffaßbarer Geschwindigkeit vor sich sah, jetzt war man betroffen von dem fremdartigen Bild der Wirklichkeit, überwältigt von dem grandiosen Anblick, den man nicht erwartet hatte. Wie schien mit einemmal alles das, was man früher mühsam erschlossen hatte, schal und dürftig gegenüber dem, was man nun wirklich sah! Ein ruhiges, friedliches Vorgleiten beim Wandern, ein glattes und sanftes Auseinanderweichen bei der Teilung der Zellen hatte man sich vorgestellt, was aber zeigte sich jetzt im Film? Die Wanderung — ein Drängen und Schieben, Vorfühlen und Zurückweichen, abermals Vorstoßen, Fußfassen, gewaltsam, stürmisch und hartnäckig; und die Teilung — ein Rütteln und Ziehen, Quetschen und Zerren, mühsam, schwierig und zäh. Die Zellen ständig erfüllt von rastloser Bewegung, innerer Unruhe und äußerer Formänderung, stets auf Veränderungen aus, mit unaufhörlichem Wechsel von Versuchen, Versagen und Erfolg. Man hat den Eindruck, vor einem aufgestörten, wurlenden Ameisenhaufen zu stehen, an einem heftigen und unermüdlichen Kampf teilzunehmen, den man sich freilich in die trägen Zeitmaße der Zelle übersetzt denken, gleichsam mit dem Zeitsinn der Zelle betrachten muß. Wer einmal nur einen solchen Gewebefilm gesehen hat, dem bleibt für immer eingehämmert, daß Lebenstätigkeit ständige Veränderung bedeutet, und daß es wirkliche Ruhe dabei schlechterdings nicht gibt.

Das ist das Bild der wachsenden Kultur in ihren ersten Tagen; doch nach etwa zwei Tagen schon sehen wir die Lebhaftigkeit des Wachstums sich mindern; die Kultur nähert sich einem Endmaß, das sie nach mehreren Tagen erreicht und nicht mehr überschreitet. Auch ohne Film läßt sich natürlich feststellen, wann das Wachstum nicht mehr weitergeht. Jetzt muß der Gewebezüchter wieder eingreifen. Warum bleibt denn das Wachstum stehen? Nun, aus den gleichen Gründen, warum eine Maschine stehenbleibt, der der Betriebsstoff mangelt oder deren Werk durch Betriebsabfälle verschmutzt ist. Die Kultur hat durch ihr lebhaftes Wachstum in den ersten Tagen die Nährstoffe ihrer Umgebung verzehrt, andererseits haben sich in ihr die Abfallsprodukte ihres Stoffwechsels im Übermaß angehäuft. Soll die Kultur weiter am Leben erhalten werden, so muß sie von den Schlacken gereinigt und mit neuen Nährstoffen versehen werden.

Die Wiederholung der Manipulation vom ersten Tag wird erforderlich, die Kultur wird eröffnet, das Gewebestück muß aus der alten Gallerte herausgeschnitten und in einen Tropfen aus frischem Blutplasma und frischem Embryonalsaft neu eingebettet werden. Da die Kultur inzwischen ja bedeutend gewachsen ist und an Größe jetzt das ursprünglich ausgepflanzte Stück beträchtlich übertrifft, kann man sie beim Umbetten entzweiteilen und in zwei gesonderten Kulturen weiterzüchten. Nach dem Umsetzen in frisches Nährmedium gedeihen die Gewebefragmente wieder üppig weiter, können beim nächsten Umsetzen dann abermals geteilt werden, so daß der ursprüngliche Stamm schon in vier gesonderte Linien aufgezweigt ist, und wenn man die Kulturen wirklich auch in der Folgezeit immer nach je 2 oder 3 Tagen

Wachstums teilen und die Ableger alle weiterziehen wollte, hätte man gar bald eine Herde beisammen, deren Betreuung ebenso unmöglich wäre wie die Erfüllung des Wunsches jenes sagenhaften Erfinders des Schachspiels, der erbeten hatte, der König möge ihm das erste Feld des Schachbrettes mit einem, das zweite mit zwei, das dritte mit vier, das vierte mit acht und so fortgesetzt jedes folgende Feld immer mit doppelt soviel Weizenkörnern als das vorhergehende bedecken lassen. Nicht der Weizen der ganzen Erde hätte dazu ausgereicht; auf dem 20. Feld lägen schon mehr als 1 Million und auf dem 60. Feld mehr als 10 Trillionen Körner. So müssen wir auch für die Kulturen rechnen: Angenommen, wir teilten die in 2 Tagen auf doppelte Größe angewachsenen Kulturen fortgehend von 2 zu 2 Tagen, und es ginge von den Tochterkulturen nie eine zugrunde, dann hätten wir nach 60 solchen Teilungen, d. i. am Ende von 120 Tagen, insgesamt mehr als die zehntrillionenfache Masse des ursprünglichen Gewebefragmentes an lebendem Gewebe herangezüchtet; und wenn das Ausgangsstück nur 0,0001 g gewogen hätte, so wäre aus ihm inzwischen eine Masse von mehr als 1 Billion kg (0,000 0001 kg × 10,000 000 000 000 000 000) enstanden; ein Würfel von 1 km Seitenlänge könnte diese Menge gerade noch fassen. Diese kurze Berechnung führt klarer als Worte vor Augen, mit welcher Heftigkeit das aus dem Körper isolierte Gewebe wachsen kann.

Daß es nicht zu so absurden Zahlen kommt, dafür sorgt schon die Beschränktheit der Mittel und die Umständlichkeit der Prozeduren. Auch der Geübteste braucht zum Umsetzen von nur 100 Kulturen viele Stunden, außerdem ist die Beschaffung der Nährmedien in großen Mengen doch recht kostspielig, und so ergibt sich, daß man stets nur eine solche Menge Gewebe weiterzüchtet, als man für die Versuchszwecke tatsächlich benötigt. Da das wöchentlich mehrmalige Umbetten der Gewebe viel Zeit und Mühe kostet, hat man übrigens noch ein anderes Verfahren ersonnen, bei welchem das Umbetten erspart, dennoch aber das Gewebe von Zeit zu Zeit gewaschen, von der ausgelaugten Nährflüssigkeit befreit und mit neuer Nahrung versehen werden kann. Für manche

Zwecke ist die eine, für manche die andere Züchtungsart vorteilhafter; übrigens wird immer noch an der Vervollkommnung der Methoden gearbeitet.

Die Bedeutung der Gewebezüchtung für die Biologie ist eine doppelte: erstens liefert sie uns unbeschränkt lebendes Material für die Erforschung der allgemeinen und besonderen Eigentümlichkeiten des Zellenlebens. Wir haben immer lebende Zellen verschiedenster Art für Beobachtung und Experiment zur Verfügung; denn nicht nur aus dem Herzen, von dem wir es als Beispiel beschrieben haben, sondern aus den verschiedenartigsten Organen, aus Haut, Knochen, Blut, Hirn, Muskel, Leber, Darm, Drüsen u. a. lassen sich Kulturen anlegen. Man kann allerdings die verschiedenen Gewebearten nicht alle nach dem gleichen Schema züchten, denn sie haben jede ihre Sonderbedürfnisse. Jedes Gewebe hat seine eigenen Launen, und es kostet Mühe genug, diese, ahnungslos, wie man ist, durch Probieren allmählich ausfindig zu machen. Die Eigenwilligkeit der verschiedenen Gewebe hat aber auch ihre guten Seiten, denn sie gestattet uns, die einzelnen Gewebe rein und unvermischt zu erhalten. Durch geeignete Züchtungsbedingungen, welche einer Zellart günstig, den anderen aber abträglich sind, erzielt man, daß nur die eine Zellart am Leben bleibt, und gelangt zu Reinkulturen, in welchen wirklich nur eine einzige Zelltype enthalten ist, während im Körper die verschiedenen Typen meistens untermischt auftreten. Welcher Vorteil damit gewonnen ist, wird wohl jedem klar, wenn er erfährt, daß es auf die genannte Weise zum erstenmal gelungen ist, reine, mit keinen anderen Zellen vermischte Kulturen von bösartigem Krebsgewebe zu gewinnen. Man besitzt jetzt Stämme von Krebszellen, die schon seit mehreren Jahren unter Glas leben. Setzt man einer solchen Kultur gesundes Gewebe zu, so vollzieht sich an diesem die gleiche fürchterliche Vernichtung wie sonst im Körper. Mit unseren Augen sehen wir dem verheerenden Wuchern der Krebszellen zu. Freilich nicht in entsetzter Untätigkeit; vielmehr trachten wir in tausendfach abgewandelten Versuchen festzustellen, was denn die Krebszelle zu ihrem zerstörenden

Treiben befähigt und was ihr das Leben ermöglicht — denn ihre Lebensbedürfnisse sind andere als die gewöhnlicher Zellen. Aus dem Studium ihrer Lebensbedingungen hoffen wir Macht über ihre Todesbedingungen zu erlangen; alles, was für das Leben der Krebszelle eigentümlich ist, alles, was nur sie, aber nicht die gesunde Zelle zum Leben braucht, verdient unsere Beachtung; denn vielleicht findet sich etwas darunter, was man dem krebskranken Körper entziehen könnte, den Krebszellen damit den Tod bereitend, ohne die gesunden Zellen zu schädigen. Abermals stoßen wir hier auf die grundlegende Vorarbeit, welche die biologische der medizinischen Forschung leistet.

Wir sagten aber, noch eine zweite Rolle außer der, lebendes Material zu liefern, komme der Gewebezüchtung zu, und diese ist die folgende: Fern von den Einwirkungen eines übergeordneten Organismus lebend, leisten die Zellen nur soviel, als sie aus eigenem vermögen. Alles übrige, was wir an ihnen in der Kultur vermissen, bleibt offenbar auf Rechnung des Organismus zu setzen. Es fehlen den Zellen in der Kultur nicht nur jene oben schon erwähnten Hemmungen, durch die der Organismus sonst ihr Wachstum zügelt, nein, noch hundertfältige andere und weit spezifischere Wirkungen vermissen wir an ihnen. Welcher Unterschied ist doch zwischen einer wilden Kultur von Knochenzellen und dem Skelettstück, das mit dem gleichen Material in meisterhafter Architektur der Organismus ausformt; welcher Unterschied zwischen dem zusammenhanglosen Haufen gezüchteter Nervenzellen und dem Wunderwerk Gehirn, zu dem sie im Organismus verwoben erscheinen; welcher Unterschied in Form, Bau und Leistung! In der Kultur — wirres Chaos, im Organismus — geregelte Ordnung; in der Kultur — bis zur Erschöpfung sinnloses Wuchern, im Organismus — gerichtetes Wachsen und angemessene Arbeit im Dienste zweckdienlicher Form und Leistung.

Was ist denn nun aber dieses „im Organismus“, wie können denn die unbegreiflich scheinenden „organisatorischen“ Fähigkeiten dem bloßen Zusammensein von lauter Teilen entspringen, die einzeln machtlos und ohne Einsicht sind?

Dieses tiefste Grundproblem der Biologie werden wir nicht hier, wo wir mitten im Handwerklichen stecken, erörtern. Was aber gerade hier erörtert werden soll, ist vielmehr, wie die experimentelle Tatsachenforschung solche Begriffe wie „im Organismus", ehe sie sie für spekulative und theoretische Verarbeitung freigibt, erst in reiner Form herauszuschälen und hinsichtlich ihres Inhaltes zu begrenzen bemüht ist. Gebt dem Organismus, was des Organismus ist; aber nicht weniger und auch nicht mehr! Man soll über den Organismus erst dann ernstlich theoretisieren, wenn man weiß, was ihm, was jenem „Im Organismus Sein" an Eigenschaften alles zufällt. Und darum kam die Methode der Gewebezüchtung gerade gelegen; denn mit ihrer Hilfe schien sich wirklich von so mancher Lebenserscheinung entscheiden zu lassen, ob sie nur „im Organismus" oder auch an der isolierten Zelle möglich ist. Wobei allerdings beachtet werden muß, daß selbst schon einem *Organ* in vieler Hinsicht, besonders im Entwicklungsgeschehen, analoge Fähigkeiten wie einem einfacheren Organismus zu eigen sein können — beispielsweise gestaltet sich die *als ganze* unter Glas gezüchtete Anlage eines aus dem Embryo isolierten Skelettstückes fast fehlerfrei zu der Form des fertigen Knochens, im Gegensatz zu *Fragmenten*, welche immer nur chaotisch wuchern.

Von der Gewebezüchtung durfte man mit Fug unzweideutige Auskunft über Fähigkeiten und Unfähigkeiten isolierter Zellkulturen erwarten. Wie es aber schon so geht in der Forschung, waren gleich die ersten Ergebnisse widerspruchsvoll. Die auffälligste Veränderung, die an den Zellen, sobald sie in der Kultur leben, wahrgenommen wird, ist der Verlust ihrer spezifischen Gestalt und Einrichtung. Sie gleichen Auswanderern, die ihre Nationaltracht gegen das Weltbürgergewand des Städters vertauscht haben; äußerlich ist ihre Herkunft nicht mehr sicher zu erkennen. Zellen verschiedenster Herkunft nähern sich nach einigen Tagen Kulturlebens einander im Aussehen so beträchtlich, daß im Beobachter der Eindruck erweckt wird, als verliere die einzelne Zelltype durch ihre Entrückung aus dem Wirkungsbereich des Organismus den Großteil ihrer besonderen Wesensart. Der Schluß, daß zur Aufrechterhaltung der differenzierten Zellcharaktere das Leben „im Organismus“ nötig wäre, lag demnach durchaus auf der Hand und wurde auch gezogen.

Aber es war ein Trugschluß; dem Organismus war mehr Einfluß zugesprochen worden, als ihm eigentlich zukommt. Immer wieder läßt sich der Biologe verleiten, hinter gleichartigem Aussehen gleichartiges Wesen zu vermuten; zweifellos wirkt die abgelaufene Epoche der Biologie, wo keine anderen Grundlagen als das Aussehen die Beurteilung bestimmten, noch nach. Der Hang, nach dem Augenschein zu urteilen, ist dem Menschen naturgegeben; er veranlaßt das Kind, eine Fledermaus Vogel zu nennen, er läßt das Volk in seinem Sprachgebrauch die Raupe Wurm und den Wal Fisch heißen; die englische Sprache gar nennt die verschiedenartigsten Wasserwesen „Fisch“, den Krebs (cray-fish) wie die Qualle (jelly-fish). In der Biologie wurde das Einschätzen nach dem Aussehen aber Methode. Als man daran ging, die Ähnlichkeitsbeziehungen, in speziellerer Deutung Verwandtschaftsbeziehungen der mannigfaltigen Arten von Lebewesen untereinander in ein umfassendes System zu bringen, bot sich nämlich von selbst Form und Bau der Lebewesen als geeignetste Grundlage für die Vergleichung und Anordnung. Also registrierte man nur, was sich äußerlich und innerlich an gestaltlichen Merkmalen zu erkennen gab, und wertete und ordnete durchaus im Banne des Augenscheinlichen. Daß die tote Form bloß ein erstarrter Balg des Lebens ist, die Form im Leben aber Werk und Träger zugleich von tausenderlei Leistungen, die selbst erst das Lebewesen eben zum Lebewesen stempeln, das ließ man außer Betracht. Die Form an sich fesselte das Interesse. Wäre ein photographischer Apparat ein Tier, so hätte man ihn damals sicher definiert als: pyramidenstumpfförmiges Gebilde mit 4—20 Segmenten, brauner bis schwarzer Haut, zentralem verschließbarem Auge und ausklappbarem Hinterteil. Wozu das Ganze diente, hätte man zur Not, wie es arbeitete, aber schon kaum mehr erfahren. Es kann nicht bestritten werden, daß das Gesamtwerk jener genial einseitigen Epoche rein morphologischer Biologie von ganz großartigem Format und in seinen Ergebnissen höchst bedeutsam gewesen ist; haben wir es ja doch ihm allein zu danken, daß wir der überwältigenden Formenfülle der lebendigen Natur heute nicht mehr als einer phantastisch zusammengewürfelten Musterschau gegenüberstehen, sondern sie als Produkt schrittweiser Abwandlung aus einigen wenigen Grundtypen herleiten und begreifen können. Dennoch war es an der Zeit, daß aus der Verborgenheit, in die sie gedrängt war, allmählich wieder die Mahnung hervortauchte, die Lebensforschung möge doch auch berücksichtigen, daß, was da lebt, nicht nur geformt ist, sondern eben auch „lebt". Es folgte denn auch eine Epoche, die sich besann und die Erforschung der Leistung, der Lebenstätigkeit, des Werdens und Wirkens, neben der Erforschung des Seins in der Form, wieder zur Geltung brachte. In dieser Epoche stehen wir heute. Wir haben unser Augenmerk mehr auf das Wesenhafte richten gelernt, und die Form spiegelt nun einmal das Wesen eines lebendigen Geschöpfes nicht restlos wider. Mögen die Eier verschiedener Tierarten einander noch so sehr gleichen, mag auch die mehrzellige Blasenform, die als frühe Entwicklungsstufe bei der Mehrzahl der Eier wiederkehrt, noch so sehr an die blasenförmigen Kolonien primitivster einzelliger Lebewesen erinnern — im Grunde ist doch das Froschei vom Molchei nicht weniger verschieden wie der Frosch vom Molch, und die Keimblase des Wirbeltiereies von der Algenkolonie so verschieden wie Wirbeltier und Alge. Und selbst zwei Keime der gleichen Art, zwischen denen sich schon gar keine Unterschiede merken lassen, die sich wirklich völlig zu gleichen scheinen „wie ein Ei dem anderen", sind doch innerlich mindestens in dem Punkt verschieden, daß beide zu anderen Individualitäten mit anderen Charakteren und anderem Gehaben sich zu entwickeln die Bestimmung in sich tragen.

Es ist aber erst wenige Dezennien her, daß sich die Einsicht, wie wenig man sich beim Urteil über Gleichheit oder Verschiedenheit zweier Lebewesen auf den Augenschein verlassen dürfte, durchgerungen hat. Jedenfalls noch nicht genug lange her, als daß nicht doch noch dann und wann einer in den alten Fehler, ohne Bedenken für gleich zu nehmen, was gleich aussieht, zurückfallen sollte. Diesen Fehler aber beging man, als man das gleichförmige Aussehen, dem sich Zellen verschiedener Geartung annähern, sobald sie in der Kultur außerhalb des Organismus zu leben gezwungen sind, als Verlust an Wesensart oder gar als faktische Rückkehr der Zellen zu einem primitiveren, ihnen allen gemeinsamen Zustand deutete.

Bedenken gegen diese Deutung erhoben sich erst, als man merkte, daß verschiedene Zelltypen nach der Isolierung trotz ihrer gewaltigen Formveränderung mit ihren vom Körper her gewohnten Spezialverrichtungen unverändert fortfuhren; allerdings fehlte dann meistens eine starke Wachstumstätigkeit. Darmzellen — ja, das blieben richtige Darmzellen, wofern man nur von der Form und Anordnung absah; hörten nicht auf, Verdauungsfermente zu produzieren und verflüssigten, wie sonst die Nahrung, so jetzt die umliegende Nährgallerte. Schilddrüsenzellen sonderten weiter Schilddrüsenstoff ab; und die Farbzellen, die sonst den lichtdichten Schirm um die Netzhaut des Auges zu bilden hatten, formten auch ohne Auge unaufhörlich weiter schwarzes Pigment. Aber freilich, man mußte eben auf die Leistung und durfte nicht allein auf das Aussehen achten, um sich davon zu überzeugen, daß die Zellspezifität auch in der Kultur bestehen bleibt und des Organismus sehr wohl entraten kann. Jetzt durfte man dem Organismus wieder aberkennen, was man ihm vorschnell zugesprochen hatte.

Da blieb aber noch ein Rest von Gewebesorten, der sich der Entscheidung, ob die spezifische Zelleistung auch außerhalb des Körpers fortbestünde, glattweg entzog, aus dem einfachen Grunde, weil das Gewebe waren, denen auch im Körper keine sehr markanten Leistungen oblagen. Bindegewebszellen z. B. haben in der Mehrzahl nichts anderes zu leisten, als eben Gewebe zu binden. Wie will man aber beurteilen, ob auch solche ihr Wesen bewahrt haben oder nicht, wenn man für ihr Wesen kein ausgeprägtes Merkmal kennt? Zellen aus dem Herzen, aus dem Unterhautgewebe, aus dem Skelettgewebe entnommen, sind nach einiger Zeit Wachstums in der Kultur dem Aussehen nach tatsächlich nicht mehr auseinanderzuhalten und gleichen alle einer einzigen Art Bindegewebe. Sind sie nun wirklich einerlei Gewebe geworden? Das scheint nicht plausibel, wenn man an die Erfahrungen an den anderen Geweben denkt. Plausibel oder nicht, erwidern aber die Gegner, jene nämlich, die sich zwar mit ihrer allgemeinen Annahme, daß isolierte Zellen von ihrer Wesensart verlieren, schon durch die Befunde an den Darmzellen. Schilddrüsenzellen, Farbzellen usw. ins Unrecht versetzt sehen, die aber wenigstens auf beschränkterem Gebiet ihren Standpunkt gerettet wissen möchten; plausibel oder nicht, solange nicht das Gegenteil bewiesen sei, könne an eine wirkliche Angleichung immer noch geglaubt werden. Das Gegenteil zu beweisen, blieb also auch im vorliegenden Falle Sache derer, die an dieses Gegenteil glaubten.

Es war ein schwieriges Unternehmen; schwierig darum, weil so gar keine Richtung gewiesen war. Man hatte Zellkulturen von dreierlei Herkunft vor sich, aber eine sah aus und benahm sich wie die andere; „Leistungen", an denen man sie unterscheiden könnte, gab es nicht. Aber in irgend etwas mußten sie, so glaubte die eine Gruppe, dennoch verschieden sein, und für dieses „Etwas" mußte sich ein Anzeichen aufspüren lassen. Eine genaue Vergleichung der Lebensbedürfnisse der verschiedenerlei Gewebe in der Kultur hat tatsächlich schließlich auf die rechte Spur geleitet. Es hat sich nachweisen lassen, daß die für gleich gehaltenen Bindegewebekulturen differenter Herkunft keineswegs die gleichen Neigungen haben, wenn wir es so nennen dürfen. Für jede einzelne Sorte ist ein eigenes Beimischungsverhältnis von Embryonalsaft zum Blutplasma geraten, um ihr die günstigsten Wachstumsbedingungen zu bieten, die eine bevorzugt stärker konzentrierten, die andere weniger konzentrierten Embryonalsaft; auch besitzen die verschiedenen Sorten verschiedene Widerstandskraft gegenüber Schädigungen und ungleiche Lebenszähigkeit bei unzureichender Ernährung. Wie wir sehen, sind also die Merkmale der verschiedenartigen Herkunft tatsächlich nur äußerlich verwischt, während die innere Wesensverschiedenheit andauert.

Nun ist die Verschiedenheit zwar durchgängig — und damit ist denen, die aus allgemeinen Überlegungen an sie geglaubt hatten, recht gegeben —, aber sie ist wenig tiefgreifend. Und das ist der Grund, warum wir hier überhaupt von dieser Sache sprechen. Denn hier offenbart sich wieder, welche zeitraubende Kleinarbeit der Biologe häufig auf sich nehmen muß, ohne die Gewähr zu haben, daß ein positives Ergebnis sie lohnen wird. Wenn nur die vage Vermutung auftaucht, daß sich vielleicht in der verschiedenen Vorliebe für diese oder jene Zusammensetzung des Züchtungsmediums Verschiedenheiten des Zellcharakters verraten würden, muß schon die Prüfung mannigfaltigst abgestufter Zusammensetzungen in Angriff genommen und eine peinlich genaue Untersuchung, wie die verschiedenen Gewebesorten im einen oder anderen Fall reagieren, eingeleitet werden; peinlich genau, weil die Unterschiede ja verhältnismäßig geringfügig und leicht zu übersehen sind. Viele Monate dauert eine solche Untersuchung; Einzelversuch folgt auf Einzelversuch, wird registriert und ad acta gelegt, und erst zum Schluß läßt sich aus dem Vergleich der protokollierten Einzelergebnisse entscheiden, ob bei der ganzen Arbeit etwas Brauchbares herausgekommen ist oder nicht. Wenn nicht, dann kann man, wofern man die Geduld nicht verloren hat, auf einem anderen, ebenso ungewissen Wege wieder schön von vorn anfangen.

Wie lange man weitersucht, ist Temperaments- und Überzeugungssache. So wie auch die übertriebenste Mutter, nachdem sie alle erdenklichen Mittel, ihren schreienden Sprößling zu beruhigen, erfolglos erschöpft hat, ihn schließlich resigniert weiterschreien läßt, so kann auch der Forscher, wenn vielfältig erneuerte Versuche immer wieder ergebnislos enden, in verzweifelter Hoffnungslosigkeit von weiteren Wiederholungen abstehen. Mag sein, daß er nach einem falschen Ziel ausgezogen war, mag sein, daß er einen falschen Weg genommen hatte — die Entscheidung bleibt offen; denn negative Resultate, sozusagen ergebnislose Ergebnisse, sind selten bündig.

Nun, im vorerwähnten Fall hat die mühevolle Arbeit wenigstens zu einem befriedigenden positiven Ergebnis geführt.

Dieses Ergebnis — die Charakterfestigkeit von isolierten Geweben auch solcher Sorten, denen man es äußerlich nicht anmerkt —, dieses Ergebnis ist es, von dem die Arbeit, deren Titel zu Anfang dieses Abschnittes genannt worden ist, berichtet. Es ist ein Baustein zu unserer Kenntnis von der Eigenart der selbständig gemachten Zellen; vielleicht auch bringen die genauen Ermittlungen über den Zusammenhang zwischen Zusammensetzung des Nährmediums und Wachstumsstärke anderen Forschern bei künftigen Untersuchungen noch wertvolle Hilfe; ja, selbst eines gewissen unmittelbaren Bezuges zu allgemein-biologischen Problemen ermangelt die Arbeit nicht, denn sie hat, wie oben ausgeführt wurde, dazu beigetragen, die Grenzen der Bedeutsamkeit des Organismus für die Einzelzelle gebührend abzustecken. Aber alle diese Vorzüge eingerechnet, wird doch jeder erkennen, daß es sich weder um eine grundstürzerische noch um eine besonders originelle und schon gar nicht um eine in ihren Ergebnissen blendende oder in ihren Auswirkungen sehr fruchtbare Arbeit handelt. Ja, manchem wird sie gar nicht erwähnenswert erscheinen. Gerade deshalb aber ist sie hier erwähnt worden. Denn so wie sie beschaffen — auf die Lösung eines, an den großen Problemen gemessen, winzigen Teilproblems gerichtet, mit Mühe, Eifer, ja oft Fanatismus dieser Lösung zustrebend. die Lösung, und sei es auch nur teilweise, so doch mit solcher Klarheit und Sicherheit bringend, daß andere vertrauensvoll sie anzunehmen und auf ihr weiterzubauen vermögen —, so beschaffen ist die überwiegende Mehrzahl der Arbeiten, durch welche die biologische und doch wohl jede Naturwissenschaft in *stetigem* Fluß gefördert wird. Ich sage ausdrücklich: in stetigem Fluß; denn die plötzlichen Entwicklungssprünge, die gleich Wasserfällen den ruhigen Lauf der Wissenschaft unterbrechen und beleben, die sind gewöhnlich von anderer Beschaffenheit und Herkunft — möge das vorangegangene Kapitel über die mitogenetischen Strahlen dafür zeugen.

Die stetige Fortarbeit aber leistet, Stein auf Stein, eine tausendfältige Kleinarbeit, deren Wirken dem Uneingeweihten verborgen, deren Verständnis ihm verschlossen bleibt. Sie aus der Verborgenheit ans Licht zu ziehen und Verständnis für sie und gerechte Bewertung anzubahnen — das war die Absicht, derentwegen hier eine solche Teilarbeit als Beispiel herausgegriffen und ihr Werdegang und ihre mittelbare Verknüpfung mit dem Ganzen der Wissenschaft angedeutet worden ist. Man vergleicht die Wissenschaft gern einem kunstvollen Bau. Gut: was ist nun wichtiger, der Giebel, der auf den Säulen ruht, oder die Säulen, die den Giebel tragen? Nun, keines hat wohl ohne das andere Sinn. Darum ist es angezeigt, den Bausteinen, die sich zu den Säulen der Wissenschaft fügen, mehr Achtung und Anerkennung zu zollen, als gemeinhin üblich ist! Ehret die unbekannten Soldaten der Wissenschaft!

Kehren wir nun aber nochmals zu der genannten Arbeit selbst zurück. In einer Richtung ist sie nämlich bereits weiterentwickelt worden, und zwar ist man gleichsam auf einem Nebengeleise in eine breite und aussichtsreiche Arbeitsbahn von allgemeiner biologischer Bedeutung geraten: in die experimentelle Bearbeitung des Problems der *Differenzierung*.

Im entwickelten Körper hat nun einmal jede Zelle ihren besonderen, der Leistung angepaßten Bau und ihre besondere Form; warum nun verliert sie, aus dem Körper isoliert, diese Merkmale von Differenzierung und gleicht sich, wenn auch nicht im Charakter, so doch im Aussehen andersartigen an? Diese Frage hat in dem Maße an Interesse gewonnen, als man einsah, daß der wesentliche Zellcharakter auch fern vom Organismus erhalten blieb. Warum also nicht auch das Äußere? Auffällig war allenfalls, daß der Schwund des differenzierten Aussehens und das Abklingen der Leistung um so rascher kam und um so tiefer griff, je regere Wachstums- und Vermehrungstätigkeit die Zellen entfalteten. Dergleichen Beobachtungen verdichteten sich zu dem Verdacht, daß vielleicht das üppige Wachstum in der Kultur selbst an dem Verlust und der Nichtwiederkehr der ausgeprägten Differenzierungsmerkmale Schuld tragen möchte. Ein solches Verhältnis ist gut vorstellbar: Die Zelle käme, wenn sie fort und fort wachsen und sich teilen muß, vielleicht gar nicht zur nötigen Zeit und Ruhe, ihr spezifisches Gewand anzulegen, und zwischen Wachstum und Differenzierung herrschte dann am Ende ein mehr oder minder ausschließlicher Gegensatz in dem Sinne, daß Stillstand des Wachstums Voraussetzung für Leistung und Differenzierung wäre.

Nun waren auf der Suche nach der jeweils günstigsten Zusammensetzung des Nährmediums bzw. bei der Prüfung der Reaktion gegenüber wachstumshemmenden Beimengungen in den eben beschriebenen Untersuchungen unter anderem naturgemäß auch Bedingungen hergestellt worden, welche dem Wachstum nicht förderlich waren, ja, es auch ganz aufhalten konnten. Und wie von ungefähr konnte man dann bemerken, daß das *ruhende* Gewebe Merkmale annahm, die man mindestens als einen Anlauf zur Differenzierung werten konnte.

Hier muß eine Bemerkung eingeschaltet werden: Obwohl, wie gesagt, in diesen Versuchen gerade nur ein Anlauf zur Differenzierung, und nicht mehr, beobachtet worden war, gab es doch vereinzelte Stimmen, die damit schon das ganze Rätsel der Differenzierung für gelöst hielten. Das ist nichts weiter als eine künstliche Vereinfachung des Sachverhaltes, zu der die Tatsachen nicht berechtigen; denn für die unvoreingenommene Betrachtung wird ohne weiteres klar, daß die Differenzierung *mehrfache* verwickelte Bedingungen voraussetzt, unter welchen Wachstumsruhe eben nur *eine* ist. Einem solchen Streben, die Dinge einfacher sehen zu wollen, als sie in Wirklichkeit sind, begegnen wir nun aber in der Wissenschaft nicht selten. Das Wesen des Experimentierens verleitet förmlich dazu. Die Natur stellt uns vor komplizierte und undurchsichtige Tatbestände; Aufgabe des Experimentes ist es, diese Komplikation aufzulösen, den Tatbestand nach Möglichkeit in lauter einzelne Bestandteile zu zerlegen und deren Rolle festzustellen. Dabei stößt man auf Bestandteile von großer und geringer Bedeutung. Der Grad der Bedeutung drückt sich im Grad der Folgen aus, die der Ausfall des Bestandteiles nach sich zieht. Durchspült man ein isoliertes Herz mit einer Flüssigkeit, welche die hauptsächlichen im Blut vorkommenden Salze in der natürlichen Konzentration enthält, so schlägt das Herz weiter. Erprobt man nun der Reihe nach Lösungen, denen eines der Salze bei unverändertem Verhältnis der übrigen fehlt, so kann man aus der größeren oder geringeren Beeinträchtigung der Herztätigkeit die Rolle des fehlenden Salzes ermessen. Fehlt in der Lösung Kalium, so hört die Herztätigkeit ganz auf; alle anderen Stoffe sind minder wichtig. So sondert das Experiment die wesentlichen von den weniger wesentlichen Bestandteilen einer Situation. Hält man an einer Bewertung dem Grade nach fest, so besteht keine Gefahr; der Fehler beginnt erst, sobald man vereinfachend einen *wesentlichen* Bestandteil als *allein* maßgeblichen herausgreift, und die Gefahr steigert sich noch, wenn sich am Ende der hervorgehobene Faktor in irgendeiner Hinsicht künstlich surrogieren läßt. Ersetzt man das Kalium durch ein radioaktives Element, so schlägt das Herz weiter, und man hält sich danach für berechtigt, die Radioaktivität (im Normalfall die des Kaliums) als Quelle der Herzschläge anzusprechen.

In anderen Fällen gerät man aber auf solche Weise zu irrig engen Vorstellungen: Bei den geschlechtlich sich fortpflanzenden Tieren gibt in der Regel die Befruchtung, d. i. das Eindringen der Samenzelle in die Eizelle den merkbaren Anstoß zur Entwicklung. Es war ein sensationelles Ereignis, als ein Biologe fand, daß die Wirkung des Samens durch künstliche, vorwiegend chemische Mittel ersetzt werden und die Entwicklung des Eies ohne jede Beteiligung von Samen in Gang gebracht werden kann; selbst Frösche sind auf diese Weise aus jungfräulichen Eiern aufgezogen worden. In der ersten Begeisterung sprach man von „künstlicher Befruchtung". Damit sagt man aber eigentlich zuviel; denn in Wirklichkeit liegt nur künstliche „Entwicklungserregung" vor, während eine normale Befruchtung außer der Entwicklungserregung auch noch die Vereinigung der väterlichen und mütterlichen Erbfaktoren als wesentliche Aufgabe zu bewerkstelligen hat. Also deckt der experimentelle Ersatz auch nur einen Teil des natürlichen Tatbestandes.

Ähnlich steht es um die künstliche Reizung des Nerven. Man kann in jedem Nerven künstlich durch mechanische, chemische oder elektrische Mittel eine Erregung hervorrufen, die den Muskel am Ende des Nerven zur Zuckung bringt. Neuere Ergebnisse zeigen aber, daß dieser künstlich hervorgerufene Erregungsprozeß nur eine sehr vergröberte Abart des natürlichen Erregungsprozesses darstellt und daß die feine Zuteilung der Erregungen an die Muskeln, auf welcher das natürliche Bewegungsspiel beruht, durch die plumpe künstliche Reizung niemals erzielt werden kann. Die natürliche Erregung verhält sich zur experimentell erzwungenen etwa so wie das glatte Sperren zum gewaltsamen Aufbrechen eines feinen Schlosses. Trotzdem wird auch auf diesem Gebiet von vielen der künstliche Reiz als naturgetreue Imitation des natürlichen angesprochen.

Die Tendenz, an Stelle der wirklichen *vielfachen* Bedingtheit von Lebenserscheinungen in grober „Vereinfachung" eine *einfache* Bedingtheit zu setzen, indem man bloß eine Komponente des Geschehens herausgreift und die übrigen vernachlässigt, tritt am radikalsten hervor in den Versuchen, Lebenserscheinungen an unbelebtem Material nachzuahmen. Es bleibt natürlich jedem unbenommen, Eiskristallformationen als Eis„blumen" zu bezeichnen, weil sie Pflanzen ähnlich sehen. Ja, durch geeignete Prozeduren mit bestimmten chemischen Substanzen im kolloiden Zustand lassen sich ohne künstliche Modellierung räumliche Gebilde hervorrufen, die im Aussehen täuschend an Pilze, Algen oder Blumen erinnern, durch Substanzanlagerung wachsen können und auch sonst noch zu mancherlei Künsten fähig sind. Solche Bildungen aber mit lebenden, organisierten Wesen in wirkliche Beziehung bringen zu wollen, wie es von einigen Forschern in origineller Weise versucht worden ist, ist entschieden eine Verirrung. Jene Gebilde unterscheiden sich von Lebewesen um nichts weniger, als Marionetten sich von Menschen aus Fleisch und Blut unterscheiden.

Jetzt wenden wir uns aber wieder zu unserem Ausgangspunkt zurück. Um in der Gewebekultur Differenzierung hervorzurufen, war, wie gesagt, nach Mitteln zur Wachstumshemmung gesucht worden. Ermutigt durch das Gelingen der Versuche, hat man dann begonnen, die nun einmal schon eingeschlagene Richtung weiterzuverfolgen und hat so, wie man sich früher bemüht und seinen Ehrgeiz dareingesetzt hatte, besonders üppig wachsende Kulturen zu erzielen, jetzt mit einemmal alles darangesetzt, das Wachstum zu verhindern. So entzog man den Kulturen den wachstumsfördernden Embryonalsaft vollständig, und siehe da: sie lebten genau so gut ohne ihn weiter; freilich, ohne nennenswert zu wachsen. Der Embryonalsaft, dessen Beimengung zum Züchtungsmedium jahrelang als unverbrüchliche Vorschrift in der Gewebezüchtung gegolten hatte, war mit dieser Erfahrung plötzlich zu einem teilweise entbehrlichen Hilfsmittel degradiert.

Schließlich ein Schicksal, das manche biologischen Verfahrensanweisungen ereilt: Einer schildert eine Methode genau bis ins kleinste, jeder folgende richtet sich aus Angst vor Versagern ebenso genau nach den Angaben des ersten, und so wird ein bestimmtes eingeleiertes Vorgehen schließlich Tradition und bleibt es so lange, bis eines Tages einer den Mut faßt, von der Gewohnheit abzuweichen, und dabei findet, daß es anders ebensogut geht oder vielleicht noch besser. Es bedarf wohl nicht der Erwähnung, daß dergleichen nicht bloß in der Wissenschaft vorkommt.

Wo wir soeben einen experimentellen Beitrag über das Verhältnis von Differenzierung und Wachstum kennengelernt haben, wählen wir, um die Vielseitigkeit der Wege, sich an ein biologisches Problem heranzuarbeiten, zu verdeutlichen, auch als Beispiel für den Stoff des folgenden Kapitels eine Arbeit, die zu dem gleichen Problem, wenn auch auf ganz andere Weise, beiträgt. Dieses Kapitel ist betitelt:

Entwicklungsgeschichte.

Gemeint ist die Geschichte der Entwicklung vom Ei zum fertigen, voll lebenstätigen Individuum. Das beinhaltet die

Feststellung und Schilderung aller äußeren und inneren Veränderungen während dieser Zeit, soweit sie offenkundig werden.

Auf eine kurze Formel gebracht, spielt sich die Entwicklung eines Tieres etwa folgendermaßen ab: Das Ei oder ein bestimmter Teil desselben fragmentiert sich zu einem kugelförmigen Haufen von Zellen, dann kommt es zu bestimmten regelmäßigen Verschiebungen der Zellverbände gegeneinander, primitive Gewebeverbände sondern sich aus, örtliche Vermehrungsherde oder Zuwanderungszentren für die Zellen erscheinen als früheste Anlagen der späteren Organe, und durch ein fein geregeltes Ineinandergreifen von örtlich verschiedenem Wachstum, gerichteter Verschiebung, Verdichtung oder Lockerung entstehen die Platten, Rinnen, Wölbungen, Stränge, Höhlen Säume, Häute, Leisten und Gruben, die die Rohform des Embryo bestimmen, in welcher, wenn auch in plumper Verzerrung, doch schon die Andeutung der Endgestalt enthalten ist. Wer einen Hausbau beobachtet, wird leicht staunen, wie rasch der Rohbau aufschießt. bis er unter Dach ist, wie lange aber vergleichsweise die Fertigstellung danach noch dauert. Beim Embryo desgleichen. Mit rasender Eile stellt sich die grobe Form her, aber der innere Ausbau nachher erfordert reichlich Zeit. Schritt für Schritt steigert sich die Vollkommenheit und innere Kompliziertheit, der Reihe nach nehmen die jungen Organe ihre Funktionen auf, und am Ende schreitet das neue Wesen eines Tages selbständig in die Welt hinaus, verläßt die schützende Eihülle oder den nährenden Mutterleib, um fortan wohlausgerüstet sein eigenes Dasein nach dem Plan seiner Art zu führen. Die Entwicklung kann in Tagen abgeschlossen sein, kann in anderen Fällen aber auch über 1 Jahr währen; jede Tierart hat da ihre Besonderheiten.

Man hat in neuerer Zeit mehrfach den interessanten Versuch gemacht, das Gesicht eines bestimmten Menschentypus, etwa des Verbrechers oder des Vorzugsschülers oder dgl. dadurch herauszuarbeiten, daß man eine große Zahl von Photographien von Angehörigen des gleichen Typus übereinanderkopierte, und tatsächlich erhielt man so Typenbilder, die, obzwar in den Einzelheiten verschwommen, das Charakteristische dennoch eindringlich hervortreten ließen. Einer solchen Typenphotographie gleicht das Bild, das wir hier eben von der Entwicklung entworfen haben; wäre hier der Ort dafür, so könnte es noch sehr viel eingehender gezeichnet werden. Jedenfalls daraus, daß eine solche typische Darstellung überhaupt möglich ist, erhellt, daß die verschiedenartigen Entwicklungsarten, die im Tierreich vorkommen, trotz ihrer überwältigenden Mannigfaltigkeit in Einzelheiten dennoch in ihren großen Zügen untereinander zur Deckung gebracht werden können. In dieser Tatsache ist eine logische Zweiteilung der entwicklungsgeschichtlichen Forschung in eine allgemeine, den Gemeinsamkeiten aller Entwicklung zugewandte, und eine spezielle, den Besonderheiten der einzelnen Spielart nachgehende Richtung begründet, wie wir eine solche Zweiteilung schon bei der Zellforschung angetroffen hatten.

Mit welchen Schwierigkeiten die Spezialforschung schon allein bei der Beschaffung des Materials zu kämpfen hat, kann man sich leicht ausmalen. Entweder es handelt sich um Tiere, die ihre Entwicklung im Mutterleib durchlaufen, vorwiegend also um Säugetiere — dann bleibt natürlich auch der ganze Entwicklungsprozeß dem Einblick entzogen, und man muß den Bildungsgang aus den verschiedenen Stationen, in denen man ihn bei Tötung und Eröffnung der Muttertiere antrifft, erst mühselig rekonstruieren; je rascher nun ein Stadium durchlaufen wird, um so geringer ist die Wahrscheinlichkeit, es auf gut Glück anzutreffen. und wenn man noch die individuellen Schwankungen bedenkt, die einen im Einzelfall irreführen können, so begreift man, daß ein enormes Material von Keimen zur Hand sein muß, wenn man daraus eine auch nur einigermaßen lückenlose Reihe aufeinanderfolgender Entwicklungsstadien soll zusammenstellen können. Bei selteneren oder gar exotischen Tieren muß man froh sein, wenn man überhaupt dann und wann einen Embryo irgendwelchen Stadiums erwischt, und die Phantasie muß gehörig arbeiten, um dann aus den paar Anhaltspunkten den ganzen Entwicklungsverlauf zu erschließen, so, wie man etwa aus ein paar Ruinentrümmern das Gesicht einer alten Stadt deutend wiederherstellt. Selbst von den Frühstadien der Entwicklung des Menschen besitzen wir erst eine spärliche und keineswegs erschöpfende Auslese, was man am besten daraus ersehen kann, daß jedes bearbeitete und beschriebene menschliche Ei eine eigene Bezeichnung als Namen trägt; spätere Embryonalstadien sind natürlich gelegentlich von Operationen in reichlichem Maße gewonnen worden; nur die Frühstadien, die sehr rasch durchlaufen werden, sind so ausnehmend selten zu erlangen.

Anders, aber nicht geringer, sind die Schwierigkeiten, wenn es sich um Tiere handelt, deren Entwicklung außerhalb des Mutterleibes abläuft, wie das bei der überwiegenden Mehrzahl der Tiere der Fall ist. Schwierigkeiten gibt es da insofern, als man ja, wenn man auch eine ungeheure Menge von verschiedentlichen Keimstadien eingesammelt hat, falls man diese nicht bis zum Ende der Entwicklung aufziehen kann, zunächst gar nicht weiß, welche zu der gleichen Tierart zugehören. Gewiß, es gibt eine ganze Anzahl von Tierarten, deren Entwicklung sich leicht von A bis Z verfolgen läßt. Die Eltern sind bekannt, die Keime befinden sich vom Zeitpunkt der Ablage an bis zum Ausschlüpfen in Beobachtung, ja, durch künstliche Besamung läßt sich sogar der Zeitpunkt des Entwicklungsbeginnes willkürlich bestimmen. Wenn es schließlich gar noch dotterarme Eier mit gut durchsichtigen Hüllen sind, so daß man sie lebend unter dem Mikroskop verfolgen kann, dann sind sie natürlich ideale Objekte für die entwicklungsgeschichtliche Forschung. Der Seeigel, der alle diese günstigen Eigenschaften vorbildlich ausgeprägt besitzt, ist infolgedessen auch, man möchte fast sagen: zum Haustier der Entwicklungsforschung geworden.

Aber die Zahl solcher Prachtobjekte ist natürlich beschränkt, und für die übrigen gelten eben mehr oder minder die genannten Schwierigkeiten. Heute hat man es zwar schon leichter, weil, zumindest im groben, die Entwicklungsgeschichte der meisten Tiere doch so weit bekannt ist, daß man, wenn man Keime unbekannter Herkunft gesammelt hat, aus dem Vergleich mit bekannten schon Anhaltspunkte für ihre Zugehörigkeit findet. Vormals aber, als die Kenntnisse noch sehr lückenhaft waren, da hatten die Tausende verschiedentlicher Larven und Eier, die mit jeder Sammelfahrt aus dem Meere heimgebracht wurden, Rätsel über Rätsel aufgegeben. Lassen wir aber die Vergangenheit, denn unsere Aufgabe ist an das Heute gebunden. Auch heute noch kennen wir vereinzelt entwickelte Tierformen, deren Keime noch niemand zu Gesicht bekommen hat, und kennen auch Keime, von denen wir nicht wissen, welcher Tierart sie zugehören. Allerdings sind das so unwesentliche Kenntnislücken, daß sie sich im Gesamtbild der Entwicklungsgeschichte, das wir besitzen, nicht stärker fühlbar machen als etwa das Fehlen eines einzelnen Zierats beim Anblick eines Domes. Die letzte Vollständigkeit herzustellen, entspricht auch mehr der Neigung des Sammlers als des Forschers.

Für den Forscher beinhaltet schon der Kreis bekannter Entwicklungsverläufe noch so viel des Aufklärungsbedürftigen, erfordert noch zunehmendes Eindringen in die Tiefe, daß es ihm mit der Erweiterung des Kreises in die Breite nicht eilig ist. Denn selbst an den paar Paradeobjekten, die wegen ihrer günstigen Beschaffenheit mit Vorliebe als Untersuchungsobjekte gewählt werden, ist noch keineswegs alles Wissenswerte ergründet. Die Eier gewisser Würmer und Schnecken, von Fliegen, von Seeigeln, von Fischen, vom Frosch und vom Huhn sind, da sie massenweise beschafft werden können, wo immer das Problem es gestattete, jedenfalls aber schon hunderte Male vorgenommen worden; nichtsdestoweniger bestehen auch bei diesen noch immer ungeklärte Punkte in Menge.

Es liegt in der Natur der Entwicklungsgeschichte, daß sie als vorwiegend auf Beobachtung angewiesene Forschung immer wieder sich an unübersteigbaren Grenzen festfährt. an jenen Grenzen nämlich, welche der Beobachtung überhaupt und überall gesteckt sind; wobei wir natürlich die mikroskopische Beobachtung an den fixierten und in Schnittserien zerlegten Präparaten schon mitinbegriffen denken. Man sieht beispielsweise mit einemmal an der Körperwand des

Embryo an bestimmter Stelle Zellen sich verdichten, und wenn man das Schicksal dieser Anhäufung durch ältere Stadien hindurch verfolgt, sieht man daraus ein Bein hervorgehen. Welchen Ursprungs ist nun diese Beinanlage, ist da ein örtlicher Zellteilungsherd oder ist da eine Stelle, welche fremde Zellen anlockt, zuzuwandern und sich zusammenzurotten? Diese Alternative läßt sich gerade noch entscheiden; denn man braucht ja bloß die durchschnittliche Zahl von Zellteilungsfiguren in der Anlage festzustellen und im Überschlag zu berechnen, ob diese Vermehrungsintensität ausreicht, um eine Vergrößerung der Anlage in dem beobachteten Ausmaß zu erklären. Wenn nicht, dann müssen Zellen zugewandert sein. Woher aber zugewandert, aus welcher Quelle? Hier versagt dann die Beobachtung leicht, wofern man nicht gerade Zellströme sich gleich Ameisenstraßen durch das Präparat ziehen sieht, und das sieht man selten.

Ähnliches Versagen der reinen *Beobachtung* haben wir schon kennengelernt, als wir im vorigen Kapitel kurz von der Entwicklung der Nerven und ihrer Herkunft sprachen. Dort hatte erst das Experiment über den toten Punkt hinweggeholfen. Und seit den ersten Erfolgen mehren sich, wenn auch zaghaft, die Versuche, das *Experiment* auch zur Feststellung des formalen Ablaufes der Entwicklung zu Hilfe zu holen, wenn die Leistungsfähigkeit der Beobachtung erschöpft ist. Warum zaghaft, das muß man begreifen: Es liegt im Wesen des Experimentes, daß es in den normalen Ablauf des Geschehens willkürlich abändernd eingreift. Die entwicklungsgeschichtliche Forschung soll doch aber gerade den *normalen* Ablauf feststellen; wie darf sie ihn da durch störende Eingriffe beeinträchtigen? Wenn man es dennoch tut, können die Ergebnisse strittig bleiben, und man ist erst wieder nicht vom Fleck gekommen.

Nehmen wir ein Beispiel: Angenommen, bestimmte Erfahrungen legten die Vermutung nahe, daß bestimmte Organe des Embryo aus bestimmten lokalisierbaren Materialien der Eioberfläche aufgebaut würden, und man wollte nun die gegenseitige Anordnung und Organzugehörigkeit der Eibezirke feststellen; man möchte eine Art Organkarte des

Eies aus seiner Zeit *vor* der Organbildung haben, so, wie man eine Völkerkarte der Erde vor der Völkerwanderung zeichnet, um die Völkerverschiebungen beurteilen zu können. Man nimmt nun ein Froschei her, sticht die Oberfläche schwach an, so daß ein wenig Eimaterial ausfließt, und beobachtet nun, wie sich der Rest entwickelt. Wäre das ausgeflossene Material Bildungssubstanz für ein bestimmtes Organ gewesen, so würde das entsprechende Organ später wohl fehlen; Anstich an verschiedenen Stellen wiederum sollte das Fehlen verschiedener Organe zur Folge haben. Natürlich darf man nicht den Streich der Schildbürger begehen, die, als sie mitten im See eine Glocke versenkten, an der Stelle des Bootsrandes, an welcher die Glocke über Bord geworfen wurde, eine Kerbe schlugen als Marke zur dereinstigen Wiederfindung der versenkten. Die Stelle, an der ein Ei angestochen wird, kann selbstredend nur dann festgehalten werden, wenn bestimmte feste Punkte und Achsen im Ei bekannt sind, die für alle Eier gleichermaßen gelten und auf die man Bezug nehmen kann. Solche Punkte existieren glücklicherweise, und so konnte man Anstichversuche mit der genannten Absicht wirklich anstellen. Und tatsächlich konnte man, sobald die angestochenen Keime fertig entwickelt waren, manchen Organen Defekte anmerken. War es nun zulässig, diese Defekte unmittelbar auf den Verlust vorbestimmten Materials zurückzuführen? Nicht ohne Bedenken. Blieb ja doch der Einwand, daß die operative Schädigung außer Materialverlust noch andere Wirkungen gehabt haben mochte, etwa Zellverschiebungen verhindert oder abgelenkt hätte, Wirkungen, die sich unserer Kontrolle so sehr entziehen, daß durch das Experiment mehr Probleme neu aufgeworfen als gelöst würden.

Ein unbeschränktes Hineintragen des Experimentes in die Entwicklungsgeschichte verbietet sich also von selbst. Dennoch hat man gewisse experimentelle Hilfsmittel als unverfänglich erkannt und eingebürgert. Dazu gehört in erster Linie die örtliche Lebendfärbung (Vitalfärbung) zum Zwecke der Feststellung von Materialverlagerungen am sich entwickelnden Keim. So, wie man im Karstgebirge, wo Ströme plötzlich unter die Erde verschwinden und in völlig abliegenden Gegenden ebenso plötzlich aus der Erde hervortauchen, die Zusammengehörigkeit der oberirdischen Strecken dadurch eruieren konnte, daß man das Wasser vor dem Verschwinden mit großen Mengen Farbstoffes versetzte, so kann man das Schicksal eines Keimteiles, der sich mangels eigener auffälliger Kennzeichen von den übrigen Keimteilen nicht unterscheiden läßt, dadurch der Beobachtung und Verfolgung zugänglich machen, daß man ihn mit bestimmten Farbstoffen belädt. Die Farbe, welche natürlich vollkommen ungiftig gewählt ist, läßt sich dank eines geschickten Verfahrens einem umschriebenen Zellbezirk der Keimoberfläche ein-

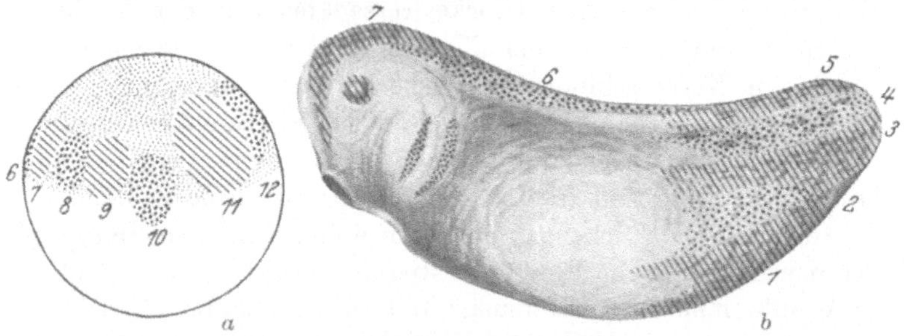

Abb. 9. Verfolgung des Schicksals einzelner Eiteile mittels vitaler Farbmarkierung: Der Keim einer Unke ist im Blasenstadium, entlang seinem Äquator mit blauen (punktiert) und roten (\\\\\\) Marken versehen worden (Abb. *a*); 5 Tage später hat sich der Keim zum Embryo weiterentwickelt und gewährt, von links besehen, den Anblick der Abb. *b*. Aus der Verlagerung und Formveränderung der verschiedenen Marken lassen sich die Materialverschiebungen bei der Gestaltung des Embryo aus dem Ei ablesen. Die Nummern dienen zur Identifizierung der Marken. (Vergrößerung etwa 22fach.) (Nach Vogt.)

geben, ohne in der Folge in die Nachbarschaft auszulaufen. Hat man z. B. einen Bezirk im Umfang eines Kreises gefärbt, so vermag man aus einer Verziehung des Farbkreises zur Ellipse eine Streckung, aus einer Verlagerung des Fleckes eine Verschiebung, kurz, aus jeder Formänderung der Farbmarke die entsprechende Wandlung des farbtragenden Keimmateriales unmittelbar abzulesen, und da die gefärbten Stellen, selbst wenn sie ins Keiminnere eingestülpt werden, immer noch nach außen durchschimmern, kann man sie bis in spätere Entwicklungsstadien hinein verfolgen (Abb. 9).

Am Ende sieht man, in welche Organe das gefärbte Material eingearbeitet ist und kann nach umfangreichen Versuchen rückschließend das Material bestimmter Organe auf das Material bestimmter Eiregionen zurückführen. Und diese Zurückführung gilt dann sicher für den *Normalfall,* für das unbeschädigte Ei, für die ungestörte Entwicklung, ist also zuverlässiger als das Ergebnis eines Anstichversuches. Dies als Beispiel für die Möglichkeit einer experimentellen Verbesserung der Beobachtungsbedingungen in Fällen, wo man an der Leistungsfähigkeit der reinen Beobachtung schon verzweifeln konnte.

Formbildung, Wachstum und Differenzierung (Verschiedenwerden der Teile), das sind die dreierlei Fortschritte, die von dem plumpen, kleinen, einförmigen Ei zum gestalteten, erwachsenen, komplizierten Volltier führen. Das Verhältnis von Wachstum und Differenzierung wollten wir von der Seite einer entwicklungsgeschichtlichen Arbeit nochmals beleuchten lassen. Diese Arbeit betitelt sich:

„Die embryonale Wachstumskurve des Hühnchens."

Was steckt denn bloß für Regler hinter dem Wachstum, daß es bei jedem Tier sich in den vorgeschriebenen Grenzen hält? Es gibt größere und kleinere Mäuse, aber nie wächst eine Maus zur Größe eines Elefanten; und es gibt größere und kleinere Elefanten, aber keiner bleibt klein wie eine Maus. Warum geht das Wachstum nicht unentwegt weiter? Der Beantwortung des Warum muß die Feststellung des Wie vorangehen. Vielleicht ergibt sich aus der besonderen Art, *wie* das Wachstum abläuft, von selbst schon Näheres über die Gründe seiner Grenzen. Das soll heißen: So, wie man aus den Bahnen der Gestirne auf die Kräfte, die sie treiben, hat rückschließen können, so kann man vielleicht aus der Form der Wachstumskurve Hinweise auf die Trieb- und Hemmungskräfte des Wachstums entnehmen. Zuvörderst muß aber erläutert werden, was das ist: die Wachstumskurve.

Jeder weiß wohl, wie man den Fieberverlauf eines Kranken verfolgt: Stunde für Stunde wird die Körpertemperatur gemessen und in eine Tabelle eingetragen; aus dem rechnerischen Vergleich aufeinanderfolgender Messungen läßt sich die Zu- oder Abnahme feststellen; indessen ist es übersichtlicher, die Messungsergebnisse *graphisch* darzustellen und eine Fieberkurve zu entwerfen. Der Vorgang ist wohl jedem geläufig: In gleichen Abständen, die etwa je 1 Stunde vorstellen, werden senkrechte Linien (Ordinaten) gezeichnet, und auf jede dieser Linien wird der zu der betreffenden Stunde zugehörige Meßwert als entsprechend große Strecke aufgetragen. Die Verbindungslinie aller Punkte ist eine Zickzacklinie, deren Verlauf uns ohne Berechnung alle Eigentümlichkeiten des Fieberverlaufes unmittelbar in die Augen springen läßt. An ihren Tagesgipfeln erkennen wir, zu welcher Stunde die Temperatur am höchsten war, an dem Ansteigen der Kurve lesen wir die Zunahme, an ihrem Abfall die Abnahme der Temperatur ab; ja, noch mehr, die größere oder geringere Steile der einzelnen Teilstrecken zeigt uns die größere oder geringere Geschwindigkeit der Temperaturveränderung in dem betreffenden Intervall an. Anstatt auf der unanschaulichen Zeitlinie unseres Gedächtnisses tragen wir also die in der Zeit aufeinanderfolgenden Werte auf einer räumlichen Linie auf und veranschaulichen uns dadurch den Charakter der Wertänderungen mit größter Eindringlichkeit.

Und dieses Hilfsmittels unserer Vorstellung bedienen wir uns in der Wissenschaft, wo es ja auf eindringliche Erfassung ankommt, nach Tunlichkeit erst recht. Am liebsten ließe man alle in der Zeit ablaufenden Lebensvorgänge sich ihre Wertänderungen als Kurven selbsttätig aufzeichnen, nach dem analogen Prinzip, das bei den Registrierbarometern zur selbsttätigen Aufzeichnung der Luftdruckschwankungen in Anwendung steht: ein empfindlicher Hebel, auf den die Druckschwankungen sich übertragen, trägt an seinem Ende einen Schreibstift, und mittels dieses Stiftes zeichnet sich auf einem stetig in gleichmäßigem Tempo rotierenden Zylinder die Hebelstellung unausgesetzt an. Gegenüber dem indirekten Verfahren, Veränderungen durch aufeinanderfolgende Einzelmessungen und deren nachträgliche Verarbeitung zu einem graphischen Bilde festzustellen und zu verdeutlichen, hat die *Selbstregistrierung* eine ganze Reihe von Vorteilen: Bequemlichkeit, Verläßlichkeit, Genauigkeit und nicht zuletzt Stetigkeit.

Ja, Veränderungen, die so schnell vor sich gehen, daß mehrere Einzelmessungen während ihrer Dauer gar nicht möglich wären, können uns überhaupt nur durch Selbstregistrierung ihren Verlauf anzeigen. So hat sich dieses Verfahren denn auch in der Physiologie der Körperfunktionen zu einem unersetzlichen Hilfsmittel entwickelt. Die Atembewegungen, die Herzschläge, die Blutdruckschwankungen. die Muskelzuckungen, alle diese Vorgänge läßt man selbst ihre Tätigkeitskurven schreiben, indem man die Bewegungen durch Vermittlung eines ungleicharmigen, federleichten Hebels in vergrößertem oder verkleinertem Maß, je nach Bedarf, auf einer mit bekannter Geschwindigkeit sich drehenden Trommel sich anmerken läßt. Nur schreibt eine solche Vorrichtung nicht schwarz auf weiß wie das Barometer, sondern weiß in schwarz; denn ein Schreibstift würde durch seine große Reibung auf der Schreibfläche gebremst und gäbe infolgedessen entweder die wirkliche Organbewegung nur unvollständig wieder oder wirkte gar hindernd auf die Bewegung selbst zurück; also überzieht man die mit reibungslosem Glanzpapier bespannte Zylinderfläche der Schreibtrommel mit einer dünnen Rußschicht und läßt die feine Hebelspitze in den schwarzen Ruß ihre feinen Linien wischen, so wie Kinder in dunstbeschlagene Fensterscheiben mit dem Finger Figuren zeichnen.

Wenn die zu registrierenden Bewegungen zu schwächlich oder zu gering an Umfang sind, um mechanisch mittels Hebeln übertragen werden zu können, dann hilft eine optische Methode weiter: Wenn man mit einem kleinen Spiegel das Bild der Sonne an die Wand spiegelt, so kann man leicht sehen, wie eine fast unmerkliche Wendung des Spiegels dennoch gleich einen gewaltigen Sprung des Sonnenbildes bewirkt. Dieses Prinzip nutzt man nun aus. Man bringt auf den sich bewegenden Körper, z. B. das Herzchen eines Embryos, einen winzigen Spiegel, leuchtet auf diesen mit einem kräftigen Lichtstrahl ein und bewegt quer zu dem rückgespiegelten Strahl ein lichtempfindliches photographisches Papier, welches hier die Rolle der Zimmerwand zu spielen hat. Bei der kleinsten Änderung der Spiegelstellung wandert der rückgespiegelte Lichtpunkt auf dem Aufnahmepapier um eine beträchtliche Strecke, so daß die Bewegungen des Organes mittels der Spiegelung in bedeutendem Maße vergrößert wiedergegeben erscheinen. Selbst Bewegungen in mikroskopischen Dimensionen lassen sich auf diese Weise registrieren, indem man als Spiegel feinst zerstäubte Quecksilbertröpfchen auf das Objekt aufträgt. So macht man z. B. die Zuckung der einzelnen Muskelfasern, welche nur wenige hundertstel Millimeter dick sind, der Registrierung zugänglich.

Schwieriger wird die Aufgabe, wenn nicht mehr Bewegungen, sondern Veränderungen anderer Art registriert werden sollen; nehmen wir z. B. an: Stoffwechselvorgänge; dann muß man eben trachten, eine Vorrichtung zu ersinnen, durch welche die fraglichen Veränderungen gezwungen werden, Triebkräfte für Bewegungen abzugeben und sich dadurch zu verraten. Was ist denn unser gewöhnliches Quecksilberthermometer anderes denn eine solche Vorrichtung? Temperaturänderung, Wärmezunahme, das sind an sich nicht aufzeichenbare Vorgänge; aber indem wir die Wärme einen Quecksilberfaden ausdehnen lassen, machen wir sie durch ihre bewegende Wirkung ersichtlich. Da nun jeder Vorgang, wofern er mit Energieentladung oder Energieverbrauch verbunden ist, theoretisch letzten Endes sich irgendwie in Bewegung sollte umschlagen lassen, bleibt die Aufgabe im Grunde bloß eine technische. Für die Art, wie sie gelöst werden kann, mögen zwei Beispiele zeugen:

Das erste betrifft den Stoffwechsel. Der Stoffwechsel sauerstoffbedürftiger Lebewesen erfordert Gaswechsel, d. h. Sauerstoff wird aufgenommen, Kohlensäure wird abgeschieden. Befindet sich ein Lebewesen also in einem völlig abgeschlossenen Raum, so ändert sich mit der Zeit fortschreitend die Zusammensetzung der Luft in dem Raum; wenn man die abgegebene Kohlensäure aus der Luft durch chemische Mittel ständig weglöst, so bleibt als Veränderung des Gasraumes die zunehmende Verarmung an Sauerstoff übrig, und in der Geschwindigkeit, mit welcher diese erfolgt, besitzt man ein Maß für die Lebhaftigkeit des sauerstoffverbrauchenden Stoffwechsels. Das Schwinden des veratmeten Sauerstoffes aus der Luft bedeutet aber zugleich Verdünnung, Drucksenkung im Gasraum, und eine Gasdruckänderung, ja, die ist natürlich mittels eines Manometers, wie es sonst zur Kontrolle des Druckes in Kesseln allgemein in Verwendung steht, leicht zu verfolgen. So kann also die Intensität des Stoffwechsels, wenigstens in Bausch und Bogen, sichtbar gemacht werden. Durch außerordentliche Verfeinerung der Apparate ist es geglückt, den Gaswechsel selbst in kleinsten Gewebefragmenten zu erfassen und messend an den Veränderungen des Standes der Quecksilbersäule im Manometer zu verfolgen. Einen Begriff von den geringen Größenordnungen, mit welchen man hier operiert, mag die Angabe gewähren, daß ein 1 cm langes Stück eines kräftigen Froschnerven im Ruhezustand nur etwa 0,1 cmm Sauerstoff in einer Stunde verbraucht.

Bei der relativen Langsamkeit des Gaswechsels findet man mit mehrmaligen Messungen auch ohne Selbstregistrierung sein Auslangen. Aber möglich ist eine Selbstregistrierung ohne weiteres; zwar nicht durch mechanische, aber wieder durch optische Mittel. Wenn man nämlich die gläserne Manometerröhre von vorn kräftig beleuchtet und hinter derselben einen langen Streifen lichtempfindlichen photographischen Papiers gleichmäßig sich in waagrechter Richtung vorbeibewegen läßt, so zeichnet sich der Schatten der Quecksilbersäule je nach deren augenblicklichem Stand bald höher, bald niedriger ab, und schließlich findet man auf dem entwickelten und fixierten Papier in der oberen Schattengrenze die Kurve der Manometerschwankungen genau abgebildet.

Ein zweites Beispiel finden wir in der Selbstregistrierung des Nervenvorganges: Wenn vom Zentralnervensystem, d. i.

Gehirn und Rückenmark, für einen Muskel die Weisung abgegeben wird, in Tätigkeit zu treten, so ist der Träger dieser Weisung ein Vorgang, der sich mit meßbarer Geschwindigkeit in den Nerven, welche Zentralapparat und Muskelapparat verbinden, fortbewegt. Die Fortpflanzungsgeschwindigkeit der Erregung im Nerven ist ursprünglich in der folgenden Weise bestimmt worden: Nicht bloß durch die natürlichen Impulse des Zentralnervensystems, sondern auch durch künstliche, direkt auf den Nerven applizierte Reize läßt sich ein Muskel zur Zuckung bringen, und zwar hat man bemerkt, daß die Zuckung dem Reiz um so rascher folgt, je näher zum Muskel die Reizstelle liegt. Reizt man den Nerven nun hintereinander an zwei verschiedenen Stellen, einmal näher, einmal weiter vom Muskel, und vermerkt beidemal die Zeiten zwischen Reizung und Muskelzuckung, so ergibt die Differenz der beiden Zeitwerte, wie man leicht einsieht, gerade die Zeit, welche die Erregung braucht, um die Strecke zwischen der ferneren und der näheren Reizstelle zu durcheilen; da man die Länge dieser Strecke messen kann, erhält man durch einfache Division dieser Länge durch die Zeitdifferenz die Leitungsgeschwindigkeit. Die Geschwindigkeitswerte sind für verschiedene Sorten von Nerven, vor allem aber für verschiedene Tierarten und für die gleiche Tierart unter verschiedenen Bedingungen, verschieden, was alles in sehr subtilen Experimenten festgestellt wurde; die Werte betragen von einigen Zentimetern bis zu mehr als 100 Metern (Mensch) in der Sekunde. Die Kenntnis der Fortpflanzungsgeschwindigkeit der Erregung ist von Wichtigkeit vor allem deshalb, weil durch sie gewisse Rückschlüsse auf den unbekannten Nervenvorgang ermöglicht werden, zunächst Schlüsse darauf, was der Nervenvorgang *nicht* sein kann. Beispielsweise nicht elektrischer Strom, da dieser sich mit ungeheuer viel größerer Geschwindigkeit fortpflanzt; was aber nicht dahin mißverstanden werden darf, daß elektrische Erscheinungen mit dem Nervenvorgang nicht verbunden sein könnten.

Daß wenige Probleme den Biologen so locken wie gerade die Enträtselung der Nervenvorgänge, ist einzusehen, dürfen wir ja doch die Tätigkeit des Nervensystems geradezu als den Spiegel, in anderer Auffassung gar als den Träger unserer höchsten Funktionen, des Seelenlebens, ansehen. Indessen, es ist ein verschlossenes Reich, um das wir uns da bemühen, und das Eindringen kostet die höchsten Anspannungen von Mühe und Geist. Zwar treffen wir überall, an jeder Lebensregung fast, kontrollierende, fördernde, hemmende oder befehlende Einflüsse des Nervensystems mittelbar oder unmittelbar beteiligt, aber nur die Erzeugnisse werden offenbar und der Erzeuger hält sich verborgen. Aus den augenfälligen Wirkungen des Nervenvorganges lassen sich immerhin mannigfache bedeutsame Aussagen über den Vorgang selbst ableiten; jedoch viele dieser Aussagen bleiben unsicher, oft auch gewunden und gezwungen, wie eben Indizien es immer sein müssen. Man hat nicht gezögert, auf Grund solcher Indizien dem Nervenvorgang schon sehr bestimmte Eigenschaften zu- und abzusprechen, doch sind ja Fehlurteile bei Indizienprozessen nie zu vermeiden. Der Nervenvorgang müßte uns selbst sein Wesen und seine Art gestehen, dann wäre uns geholfen. Statt dessen beschränkt er sich darauf, uns nur höchst spärliche und einseitige Andeutungen zukommen zu lassen. Es versteht sich aber, daß die Forschung, solange sie keine vollkommeneren zur Hand hat, schon für diese spärlichen Anzeichen sehr dankbar ist und sich gierig bemüht, wenigstens diese bis aufs letzte auszufragen und auszuwerten.

Ein solches Anzeichen seiner Existenz, das der Nervenvorgang uns gibt, ist das ihn begleitende elektrische Phänomen: jede Stelle im Nerven, an der ein nervöser Impuls passiert, wird nämlich für einen Augenblick elektrisch negativ gegenüber den übrigen Stellen. Parallel mit dem Erregungsvorgang läuft also eine ihn begleitende „Negativitätswelle" den Nerven entlang. Der Nervenvorgang gibt sich also durch elektrische Erscheinungen, die er auf seinem Wege auslöst, kund. Es gibt Forscher, welche in Zweifel stellen, daß die beobachtbaren elektrischen Phänomene bloß Kundgebungen des Nervenvorganges seien, und welche vielmehr diese Phänomene selbst schon als den wirksamen Nervenvorgang anzusprechen geneigt sind. Wenn man aber die vielen begründeten Einwände, die dieser Anschauung entgegenstehen, bedenkt, und wenn man überlegt, daß diese Anschauung ja wieder nur dem Bestreben jeder wissenschaftlichen Epoche entspringt, aus dem gegenwärtigen Wissensschatz allein schon ein abgeschlossenes Bild der Vorgänge in der Welt zu erbauen — viel andere als die gewissen elektrischen Äußerungen kennt man vom Nervenvorgang ja aber tatsächlich gegenwärtig noch nicht —, so kann einen die genannte geistreiche Hypothese sachlich nicht befriedigen. Nun, hier ist nicht der Ort für eine nähere Erörterung; wir haben der elektrischen Erscheinung, wie sie ist, gleichviel, ob sie nun als mit dem Nervenvorgang identisch oder als ihn begleitend zu gelten hätte, unser Interesse zuzuwenden; denn auf jeden Fall hat sie des Interessanten genug an sich. Wie stellt man sie also fest?

Ihre Dauer ist äußerst kurz, nur wenige Tausendstel einer Sekunde; nachher ist der Normalzustand wieder zurückgekehrt. Bei der normalen Nerventätigkeit folgen aber mehrere Hunderte von Impulsen in der Sekunde im Nerven aufeinander, und ein Apparat, der sie alle getreulich vermerken soll, darf nicht träge sein. Weiter ist die entstehende elektrische Spannung, die gemessen werden soll, ebenfalls von sehr geringer Größenordnung; sie beträgt nur etliche Tausendstel Volt, nur Tausendstel der Spannung, die nötig ist, um eine Taschenlampe zu betreiben. Es gibt heute schon mehrere Verfahren, um der Schwierigkeiten beim exakten Arbeiten mit so ungewöhnlich niedrigen Größenordnungen Herr zu werden; eine willkommene Hilfe brachten in jüngster Zeit die mit der aufschießenden Radiotechnik zunehmend vervollkommneten Verstärkereinrichtungen. Wir schildern aber nur das klassische Verfahren als Beispiel: An den Nerven werden in gewissem Abstand zwei besonders präparierte Elektroden angelegt, und von diesen führen die Drähte nun zu dem Anzeigeinstrument, dem sogenannten Saitengalvanometer. Dieses Instrument trägt in der Mitte zwischen zwei starken Elektromagneten eine gespannte Saite, einen nur etwa 0,005 mm dicken Quarzfaden, dessen Enden mit den Ableitungselektroden verbunden sind. Es ist bekannt, daß ein Leiter, der sich in einem Magnetfeld befindet, in dem Augenblick, wo ihn ein elektrischer Strom durchfließt, eine Ablenkung aus seiner Ruhelage erfährt; das Prinzip des Elektromotors beruht ja auf dieser Erfahrung. Wenn nun ein Nervenimpuls die Stelle der einen Elektrode passiert, so entsteht in dem Ableitungskreis ein Strom, der sogenannte „Aktionsstrom", der, sobald er den im Magnetfeld ruhenden Quarzfaden durchfließt, ein seitliches Ausweichen des Fadens bewirkt; der Fadenausschlag zeigt demnach Stromdurchgang und durch sein größeres oder geringeres Ausmaß auch die Kraft des Stromes an. Das Bild des beleuchteten Mittelpunkts der Saite wird nun mittels einer optischen Vergrößerungsvorrichtung auf einen Filmstreifen projiziert, der mit großer Geschwindigkeit bewegt werden kann. Auf diesem Film registrieren sich also die Schwingungen des beleuchteten Saitenstückes photographisch (Abb. 10).

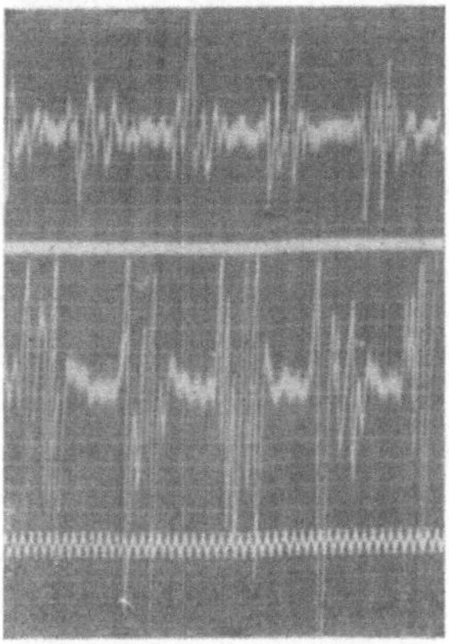

Abb. 10. Photographische Registrierung der bei der Nerven- und Muskeltätigkeit auftretenden elektrischen Aktionsströme (von einigen tausendstel Volt elektromotorischer Kraft) mit Hilfe des Saitengalvanometers. Dargestellt sind die Ströme eines Streckmuskels (oben) und eines Beugemuskels (unten) des Unterarmes des Menschen bei willkürlich versteifter Haltung des Ellbogens. Die regelmäßige Wellenlinie zuunterst rührt von dem automatischen Zeitschreiber her, welcher 100 Schwingungen in 1 Sekunde ausführt. Man erkennt, daß der Muskel mehr als 100 Stromstöße in 1 Sekunde aussenden kann. (Nach Wachholder.)

Das Instrument ist so empfindlich, daß es die elektrischen Nervenphänomene mit weitgehender Naturtreue aufzeichnet und uns damit überhaupt erst die Möglichkeit gibt, eine Analyse dieser Phänomene zu unternehmen. Als Auffälligstes, wenn wir die Registrierungskurve mustern, sticht uns die Rhythmik des Nervenvorganges, die rasche Aufeinanderfolge von zahlreichen Einzelstößen, ins Auge. Sollte das Dichterwort von den „Schwingungen" der Seele am Ende doch einen reellen Kern besitzen? Wir sagen nicht mehr, als daß die Nervenimpulse nicht kontinuierlich, sondern stoßweise fließen, und damit bescheiden wir uns.

Das Kurvenbild des Nervenaktionsstromes lehrt uns die Rhythmik der Nerventätigkeit kennen, das Kurvenbild der Muskelzuckung drückt uns in der Steile des Aufstieges die Schnelligkeit der Muskelverkürzung, in der Sanftheit des Abfalles die Langsamkeit der Wiedererschlaffung aus; die Kurvenbilder unterrichten uns also von Besonderheiten der registrierten Vorgänge in so einfacher und klarer Weise, daß der Wert dieser Methoden jedem ohne weiteres einleuchten muß. Ganz unabhängig davon, welcher Art ein Vorgang sein mag, erhellt aus dem Kurvenbild seiner zeitabhängigen Aufzeichnung auf alle Fälle die Eigenart seines zeitlichen Verlaufes: Das Bild der Ruhe ist immer eine zur Zeitachse parallele Gerade; denn die Ordinaten ändern sich dann nicht mit der Zeit. Ändern sie sich aber stetig um gleiche Beträge, so entsteht als Bild des mit gleichbleibender Geschwindigkeit fortschreitenden Vorganges eine ansteigende Gerade. Ist der Vorgang schließlich ein beschleunigter oder verzögerter, so wird sein Abbild eine krumme Linie folgenden Charakters: Beginnt der Vorgang langsam und wird später immer schneller, so beginnt die Kurve flach und krümmt sich fortan zusehends nach oben; ist es aber ein mehr und mehr verzögerter Vorgang, so beginnt die Kurve steil und wird allmählich immer flacher.

Wachstumskurven nun — und damit kehren wir zu unserem Ausgangsthema zurück — haben zum Zweck, uns den zeitlichen Verlauf des Wachstums vor Augen zu führen und uns daraus Rückschlüsse auf die Triebkräfte des Wachstums zu verstatten. Solche Rückschlüsse müssen möglich sein. Sollten nämlich Wachstum und Entwicklung Folgen eines einmaligen Anfangsimpulses sein, dann müßte in dem Maße, als der wirkende Impuls sich eben durch sein Wirken aufzehrte, die Intensität des Wachstums fortschreitend abnehmen, die Wachstumskurve würde nach steilem Anstieg verflachen wie die Bahn eines schräg aufwärts geworfenen Steines. Sollten aber die Wachstumsimpulse stets von neuem in der lebenden Substanz geschaffen werden, dann müßte der Gesamtimpuls in dem Maße, als die ihn erzeugende Masse sich wachsend vermehrte, schwellen wie die Gewalt der Lawine; die Wachstumskurve setzte flach ein und krümmte sich zu immer wachsender Steilheit aufwärts. Das letztere widerspricht, wenn wir die Gesamtlebenszeit ins Auge fassen, der primitivsten Erfahrung; denn welches Lebewesen wächst denn um so schneller, je größer es wird? Gerade das Gegenteil, die Abnahme der Wachstumsintensität mit zunehmendem Alter, scheint sich schon der einfachen Beobachtung unabweisbar aufzudrängen. Und dennoch, wenn man recht überlegt: falls das Gesamtwachstum, von den ersten Entwicklungsstadien des Keimes angefangen, gleich unter zunehmender Verzögerung verliefe, dann wäre ja nicht zu begreifen, wie das mikroskopisch kleine Ei, ohne die Entwicklung mit einer geradezu explosionsartig schnellen Geschwindigkeit beginnen zu können, es nichtsdestoweniger in kurzer Zeit zu den vergleichsweise riesenhaften Dimensionen des entwickelten Wesens bringen könnte.

Was die Überlegung nahelegt, bestätigt die eingehendere Verfolgung der Wachstumskurven. Um eine solche Kurve zu erhalten, messen wir die Körpermaße des sich entwickelnden Wesens in gleichen Zeitabständen und tragen die Meßwerte auf aufeinanderfolgenden Ordinaten auf; die Verbindungslinie der Punkte ist die Wachstumskurve. Und die zeigt nun, was zu erwarten war: daß das Wachstum, die Massenzunahme, in der ersten Entwicklungsperiode beschleunigt fortschreitet und erst später jener zunehmenden Verzögerung anheimfällt, welche die Überschreitung der artgemäß normierten Körpergröße ausschließt, so wie die rechtzeitige Bremsung eines Eisenbahnzuges verhindert, daß er übers Ziel schießt. Die Wachstumskurve beginnt nämlich als nach aufwärts gekrümmte Kurve und gelangt erst im weiteren Verlaufe an einen Wendepunkt, wo sie den Richtungssinn ändert, um mehr und mehr zu verflachen und sich der Parallelrichtung zur Zeitachse, dem Wachstumsstillstand, anzunähern; würden wir die Kurve statt nach oben nach abwärts zeichnen und sie als Bahn betrachten, so wäre kurzer Anlauf, steile Fahrt und langgezogener, flacher Auslauf ihr Kennzeichen.

Diesem Bild fügen sich nun im groben die Wachstumsverhältnisse, nach ihrem zeitlichen Verlauf beurteilt, ganz allgemein. Aber mit dem groben Ergebnis ist noch nicht viel erreicht; denn bloß um den allgemeinen, überschlägigen Eindruck, den die einfache Beobachtung des Wachstumsverlaufes ohnedies gewährt, auf mühsame Weise zu bestätigen, dafür erscheint die ganze Messerei und Kurvenzeichnerei wohl nicht lohnend genug. Die Kurve soll mehr leisten: sie soll uns eine exakte mathematische Formel für den Wachstumsverlauf liefern, denn wenn ein verbindliches Wachstums*gesetz* überhaupt besteht, muß es einer mathematischen Formulierung zugänglich sein.

Die Gesetze, denen das Naturgeschehen folgt, aufzudecken, ist das Endziel aller Naturwissenschaft. Man sieht die Ordnung in der Natur und sucht nach den ordnenden Gesetzen, um sie zu begreifen. Ob freilich Erkenntnisdrang allein die Menschen der Wissenschaft verschrieben hätte, wenn sie nicht gleichzeitig zur Einsicht gekommen wären, daß Erkenntnis des Naturgeschehens auch Macht über Naturgeschehen verleiht, mag füglich bezweifelt werden. Hat man aber die Gesetze erst in der Hand, dann begreift man nicht bloß, dann beherrscht man auch. Dadurch unterscheidet sich die helle Wissenschaft von heute so abgrundtief von den düsteren Wissenschaften der Vorzeit, daß sie nicht mit Teufel und Zufall, sondern mit Verständnis und Kenntnis in der Beherrschung der Natur vorwärtskommen will, daß sie nicht Zauberformeln, sondern eben Gesetze sucht. Nun erweist sich aber gerade das Gebiet der biologischen Naturerscheinungen als diesem Streben höchst feindselig, indem es uns seine Gesetze oft durch eine undurchdringliche Umhüllung mit Nebenumständen verdeckt, indem die große gesetzmäßige allgemeine Lebenslinie jedes lebenden Wesens hinter den mehr oder weniger regellosen Besonderheiten seines Einzelschicksales bis zur Unkenntlichkeit zurücktritt. Tausenderlei fremde, bunt und von ungefähr zusammengeworfene Einflüsse spielen unaufhörlich in das Leben jedes Organismus hinein, modeln an ihm und stempeln jeden Einzelfall zu einem unauflösbaren Sonderproblem. Leget dem Physiker ein Augenblicksbild der sturmgepeitschten Meeresoberfläche vor, ob er daraus das Gesetz, nach dem die Wellen sich formen, herzuleiten vermöchte! Er wird euch antworten: So geht das nicht; wir müssen im Einfachen, Prinzipiellen anfangen, ohne Strömung, ohne Wind, ohne zerklüfteten Grund, ohne wild gestaltete Küste! Und wird die Sachlage bis zur denkbaren Primitivität alles des störenden Beiwerkes entkleiden. Der Biologe aber kann das nicht, weil seinem Objekt alles das, was wir hier Beiwerk nennen, unverwischbar eingeprägt ist. Das lebendige Einzelwesen ist so, wie es sich dem Biologen bietet, ein durchaus einmaliges und besonderes Ereignis, es trägt den Stempel seiner besonderen Vergangenheit, hat seine Schicksale, seine Erlebnisse, seine Geschichte; eine zufällige und wechselnde Geschichte in jedem Einzelfall und an jedem Einzelwesen, die uns nur zu leicht den Blick für das Typische, für das Gesetz, versperrt, dem das Einzelwesen letzten Endes doch gehorcht. Das ist der Nachteil des Biologen gegenüber dem Physiker, daß jenem die Abstraktion von den Besonderheiten des Einzelfalles und das Herausschälen des Typischen, gesetzmäßig Gleichförmigen, durch das Objekt selbst soviel schwerer gemacht wird als diesem. So kann es fast scheinen, als herrschte im Reich des Lebendigen nicht Gesetz, sondern nur Regel. Dennoch sind wir heute von der Gesetzmäßigkeit auch der Lebenserscheinungen völlig durchdrungen; nur müssen wir uns damit abfinden, daß bei der enormen Kompliziertheit der Lebensvorgänge eine *mathematische* Formulierung der Gesetzmäßigkeiten nur dann und wann gelingen kann, da ja die mathematische Formel immer nur relativ einfache Zusammenhänge wiederzugeben vermag.

Ein Gebiet aber, wo es tatsächlich zu gelingen scheint, ist das Wachstum. Zahlreiche Versuche, mathematische Wachstumsformeln zu entwickeln — sei es, daß man aus plausiblen Annahmen eine Formel ersann und die errechneten

Werte nachträglich auf ihre Übereinstimmung mit den wirklichen prüfte; sei es, daß man umgekehrt zu der empirischen Wachstumskurve eine Formel suchte, die ihr zu entsprechen vermöchte —, sind mit mehr oder weniger Annäherung an die Wirklichkeit gelungen. Daß die Lösung vorderhand immer noch mehrdeutig ist, hat seinen Grund eben gerade darin, daß man immer von beobachteten Einzelwerten ausgehen muß, die, wie gesagt, infolge ihrer „zufälligen" Besonderheit von dem abstrakten gesetzmäßigen Wert ganz erheblich abweichen können, und man bei dem Versuch, aus dem vielen Einzelnen einen Typus gleichsam geistig herauszuschleifen, Willkür nicht völlig ausschließen kann. Nur bei flüchtiger Betrachtung imponiert nämlich die Wachstumskurve eines Einzelwesens als so schön ausgeglichen S-förmig geschwungene Kurve, wie wir das oben berichtet haben. Bei näherem Zusehen erscheint sie aber, als wäre sie mit recht zitteriger Hand gezeichnet, so verknickt ist sie. Diese Knicke sind eben der Ausdruck aller der Zufälligkeiten des Wachstumsverlaufes: die Ernährungsbedingungen, die Flüssigkeitsverteilung, die Temperatur, das innere Getriebe des Keimes, alles das schwankt ständig in unkontrollierbarer Weise, zwar in engen Grenzen, aber doch so, daß entsprechende Schwankungen der Wachstumskurve nicht ausbleiben. Und wenn wir dann eine Kurve wünschen, welche das mathematisch faßbare Gesetz, befreit von allen den zufälligen Schwankungen, abbilden soll, dann müssen wir die Knicke eben ausgleichen, in der Art, wie eine dicke Schneedecke, indem sie die Bodenunebenheiten abrundet, die wesentlichen Formen reiner hervortreten macht. Der Ausgleich aber läßt der Willkür Spielraum.

Allerdings gibt es ein Mittel, um von den Besonderheiten des Einzelfalles in stärkerem Maße unabhängig zu werden, und das ist: mit großen Zahlen von Einzelfällen zu arbeiten. Der eine Fall variiert nach dieser, der andere nach jener Richtung, alle zusammen scharen sich aber doch um eine mittlere Linie, die dann den allgemeinen Typus noch am ehesten repräsentiert. Wenn man den Entwicklungsverlauf von tausend Exemplaren der gleichen Tierart unter den gleichen Bedingungen (soweit sich die Gleichheit eben herstellen läßt) untersucht, dann werden die Mittelwerte aus den tausend Messungen jedes Stadiums von der idealen Wachstumskurve schon kaum mehr merklich abweichen. Wo immer der Biologe vor Problemen steht, die eine quantitativ möglichst exakte Behandlung erheischen, bemüht er sich denn auch, der Behandlung ein so zahlreiches Material, als sich auftreiben und mit den gegebenen Mitteln bearbeiten läßt, zugrunde zu legen. Vor allem in der Erblichkeitslehre und Rassenkunde ist diese Forderung nicht zu umgehen. Das Material wird nach statistischen Gesichtspunkten verwertet, und das ganze mathematische Rüstzeug, das für das Rechnen mit großen Mengen vorgesehen ist, muß zur Anwendung kommen. Je nach der Menge der vergleichbaren Einzelbeobachtungen und je nach der Breite der Streuung, die sie zeigen, läßt sich nach mathematischen Gesetzen der Spielraum, den man der Festsetzung des idealen Normalwertes lassen darf und muß, umgrenzen und damit allzu weitgehender Willkür beim Ausgleich der individuellen Variationen ein Riegel vorschieben. Die gleichen Rechnungsverfahren werden auch dann herangezogen, wenn die Entscheidung zweifelhaft ist, ob eine beobachtete Einzelabweichung noch in den Rahmen der üblichen und zulässigen Schwankungen fällt oder nicht; wenn nicht, dann muß ihr ja als Symptom einer bestimmt gerichteten Einwirkung größeres Gewicht beigelegt werden. Bei Außerachtlassen der normalen Variabilität kann man verhängnisvollen Fehlschlüssen unterliegen: wertet etwa eine beobachtete Erscheinung als positives Versuchsergebnis, derweil er sich bloß um eine Variation handeln mag, die ohne Beziehung zu den Versuchsbedingungen zufällig in die erwartete Richtung gefallen ist. Nur große Zahlen von Beobachtungen vermögen einen vor solchen Fehlschlüssen zu schützen.

Auch bei Wachstumsmessungen sollte man die Forderung nach großem, statistisch auswertbarem Material erfüllen. Das geht am ehesten noch dann an, wenn man sich auf eine einzige, in unbeschränkter Menge beschaffbare Tierart beschränkt, die Meßmethode rationell auf möglichst geringe

Mühewaltung einrichtet und entweder reichlich Zeit opfert oder einen entsprechend großen Stab von Mitarbeitern zur Hand hat. In Amerika besteht z. B. ein Institut, in welchem wirklich Wachstumsuntersuchungen in ganz gewaltigem Ausmaß an Ratten angestellt worden sind. Die Wachstumskurven jedes einzelnen Organes sind durch Messungen an vielen Hunderten von Tieren festgestellt, dann die Unterschiede zwischen verschiedenen Rassen und die von Männchen und Weibchen organweise untersucht worden. Nun wird mancher fragen, ob ein derartiger Aufwand, nur um die Wachstumskurve von Ratten kennenzulernen, sich denn lohne. Fügen wir also hinzu, daß die Untersuchungen noch in anderer Hinsicht von Wert sind: Die Ratte gerade ist aus mancherlei Gründen unter den Säugetieren das am häufigsten zu Experimenten herangezogene „Versuchskaninchen", beliebt vor allem für Untersuchungen, die in die Praxis der Medizin einschlagen, als da ist Erprobung der Wirksamkeit von Drogen, Organextrakten, Diät u. dgl. Es können aber Veränderungen am Körper oder an einem bestimmten Organ als Folge der Probebehandlung nur beim Vergleich mit normalen, unbehandelten Körpern oder Organen offenbar werden. Während man nun im allgemeinen stets parallel mit jedem Versuch eine Kontrollzucht normaler Vergleichstiere halten und untersuchen muß, fällt diese Notwendigkeit dort weg, wo man ein ausgiebiges Kontrollmaterial in jeder Hinsicht ein für allemal untersucht, gleichsam standardisiert hat, wofern man nur die Versuchstiere auch aus den betreffenden Stämmen nimmt. Dank der genannten umfangreichen Erhebungen über das Wachstum normaler Tiere bleibt also zahlreichen späteren Experimentaluntersuchungen Mühe und Material von Kontrolluntersuchungen erspart, womit der Aufwand, den solche Massenfeststellungen erfordern, hinlänglich gerechtfertigt erscheint.

Aber auch diese Untersuchungen konnten nur ein Stück der Wachstumskurven präzisieren, nämlich deren Verlauf nach der Geburt; die Wachstumskurven des Embryonallebens, welche gerade die regste Periode der Entwicklung beinhalten, blieben unerfaßt. Den Wachstumsmessungen am Embryo stehen naturgemäß bedeutend größere Schwierigkeiten entgegen. Erstens ist das Material nur in viel beschränkterer Menge erhältlich — man bedenke doch, daß man den Embryo nach einmaliger Messung opfern muß, während das entwickelte Tier mehrfachen fortlaufenden Messungen, wenigstens an äußeren Organen, zugänglich bleibt; zwar hat man neuerdings für Ratten und Kaninchen ein operatives Verfahren ausgearbeitet, das gestattet, Embryonen in der eröffneten Gebärmutter zu untersuchen bzw. zu behandeln und dann in der wieder verschlossenen Gebärmutter bis zur normalen Geburt sich weiterentwickeln zu lassen; aber öfters als einmal vermöchte das Muttertier die Operation wohl kaum zu überstehen, und die Mühe wäre vergeudet. Zweitens ist es nicht die zahlenmäßige Beschränktheit des embryonalen Materiales allein, welche Massenuntersuchungen im Wege steht, sondern mehr noch die gesteigerte Schwierigkeit und Umständlichkeit der Meßmethoden in so kleinen Dimensionen. Um das zu verstehen, brauchen wir bloß einen Blick auf die als Beispiel herangezogene Arbeit zu werfen, welche ja, wie ihr Titel besagt, gerade eine *embryonale* Wachstumskurve darzustellen versucht.

Dem ersten Dilemma begegnet man gleich am Anfang, wenn man einen Maßstab für das Wachstum, für die Zunahme der Körpermasse bzw. des Körpervolums wählen soll. Das Volumen und seine Veränderungen durch Längenmessungen festzustellen wie an geometrisch regelmäßigen Körpern oder solchen, die beim Wachsen ihre Gestalt bewahren, ist bei der unregelmäßigen und sich fortschreitend ändernden Gestalt des Keimes undurchführbar. Man bleibt also auf die Feststellung der Körpermasse durch Wägung angewiesen. Dabei droht wieder Gefahr, daß man nicht das wahre Gewicht bestimmt, sondern fremde Zutaten mitwägt; so wie man Kohlen nicht nach dem Regen kauft, weil die gleiche Menge dann schwerer wiegt, so wird man den Embryo auch nicht mit der anhaftenden Flüssigkeit wägen dürfen. Der Hühnerembryo schwimmt auf dem flüssigen Dotter, wir aber brauchen das Gewicht des dotterfreien Keimes. Je kleiner der Körper und je gerunzelter seine Oberfläche, desto schwerer kann er trockengelegt werden; ein Vergleich kleinerer und größerer, wie ihn die Wachstumsuntersuchung erfordert, führte also zu verfälschten Resultaten. Soll man vielleicht alle Flüssigkeit radikal entfernen, die Embryonen eindampfen und nur den Rückstand an Trockensubstanz wägen? Auch das ist getan worden, gibt aber, da der Wassergehalt der lebenden Substanz mit ausgetrieben wird, erst recht kein wahres Bild. Und sind die Schwierigkeiten schon beim Embryo als ganzem groß genug, so vervielfältigen sie sich noch, wenn man die Organe einzeln vornehmen soll. Für die älteren Embryonalstadien, wo manche Organe immerhin schon nach Millimetern messen, kann man zwar zur Not auch noch ohne besondere Umstände auskommen; mit einigem Geschick lassen sich die Organe rein und ohne anhängende Fetzen von Nachbargeweben auslösen. Aber gerade die Frühstadien, beim Hühnchen etwa die erste Hälfte der 21 Tage dauernden Bebrütungszeit, sind die interessantesten, weil in ihnen die stürmischsten Veränderungen vor sich gehen, Organe in einem Tag bis auf das 10fache wachsen können. In diesen Frühstadien sind die Organe jedoch auch extrem klein — beispielsweise mißt zwischen zweitem und drittem Bruttag die Augenlinse nicht viel mehr als ein tausendstel Kubikmillimeter —, so daß man zur Feststellung des Gewichtes einen Umweg einschlagen muß. Man fixiert den Embryo und zerlegt ihn in der üblichen Weise in eine Serie gleich dicker Querschnitte; dann bestimmt man das Volumen jedes dieser Querschnitte in folgender Weise: Der Umriß jedes Querschnittes wird unter mikroskopischer Vergrößerung mittels eines Zeichenapparates auf Karton gezeichnet (wenn man ein bestimmtes Organ untersucht, dann zeichnet man dessen Umrisse allein heraus); danach schneidet man jedes Kartonstück längs der eingezeichneten Konturen aus und wägt es; aus der Kenntnis seines Gewichtes und des Gewichtes der Flächeneinheit Karton läßt sich durch Division der Flächeninhalt der ausgeschnittenen Kartonfläche, und durch abermalige Division durch das bekannte Verhältnis der mikroskopischen Vergrößerung auch die Flächengröße des einzelnen Querschnittes errechnen, und wenn man diese schließlich mit der Schnittdicke multipliziert hat, hat man das Volumen des einzelnen Körper- bzw. Organquerschnittes; die Summe der Schnittvolumina liefert dann den gesuchten Wert des Gesamtvolumens. Die absoluten Werte stimmen mit der Wirklichkeit wieder nicht genau überein, weil die Fixierung und Vorbehandlung des Keimes Schrumpfungen und Volumsverminderung erzeugt; da sich aber durch Messung einzelner charakteristischer Linien des gleichen Organes vor und nach der Fixierung der Grad der Schrumpfung bestimmen läßt, kann man den Fehler wieder beseitigen.

Alles in allem ist das, wie man sieht, eine furchtbar umständliche Prozedur; sie in solchen Massen durchzuführen, wie das die Statistik erforderte, ist ganz ausgeschlossen, und man muß schon zufrieden sein, wenn man für jedes Stadium ein paar Vertreter untersuchen kann, was immerhin noch ein Gesamtmaterial von einigen Hundert erheischt. Es versteht sich von selbst, daß man sich dieses Material größtmöglicher Gleichförmigkeit zuliebe aus Eiern der gleichen Rasse im Brutschrank bei konstanter Temperatur, Durchlüftung und Feuchtigkeit selbst heranzüchtet. Monate hindurch ist man dann mit Präparieren, Messen, Wägen in Anspruch genommen, und seitenlange Tabellen mit unübersichtlichen Zahlenkolonnen stauen sich auf. Am Ende werden aus den Zahlenwerten der Tabellen die Kurven konstruiert, und dann heißt es: schauen! Welche Eigentümlichkeiten verraten sich in den Kurven? Vergleiche zu dem folgenden die Abb. 11.

Der allgemeine Typus des embryonalen Wachstums leuchtet aus dem nach aufwärts geschwungenen Lauf der Kurve deutlich hervor: steiler und steiler wird die Kurve, d. h. der tägliche Zuwachs an Masse wird ein immer größerer. Alle Organe bieten das gleiche Bild. Was sind das aber für Knicke, die in allen den Kurven den gleichmäßigen Schwung stören? Sind das jene oben erwähnten zufälligen individuellen Schwankungen — ihre Belanglosigkeit müßte sich dann durch Unregelmäßigkeit ausdrücken —, oder sind es Abweichungen von symptomatischer Bedeutung? Das erste Wort hat die mathematische Prüfung, von der wir vorhin erzählt haben; sie ergibt zweifelsfrei, daß die beobachteten Schwankungen die für zufällige Schwankungen zulässige Breite entschieden überschreiten. Das zweite Wort spricht der Vergleich aller Kurven: merkwürdig, die Knicke fallen ja für alle fast in die gleichen Tage! Und so ergibt sich: mit den Knicken muß es

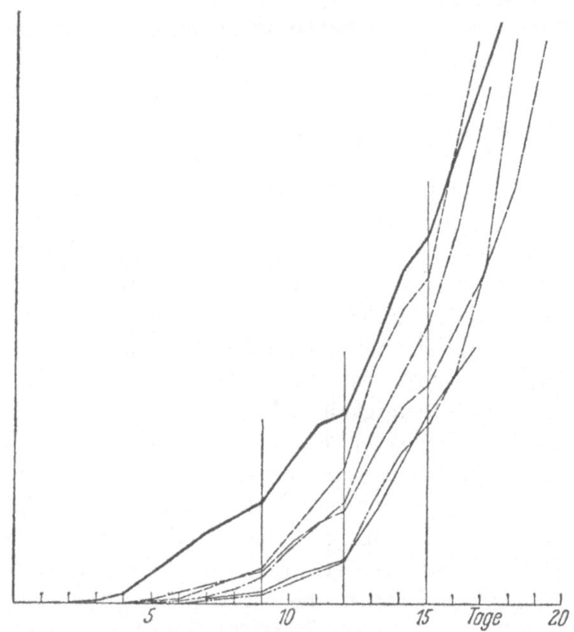

Abb. 11. Wachstumskurven der verschiedenen Organe eines Hühnerembryos während der Bebrütungszeit. Die Geschwindigkeit des Wachstums findet in der Steile der Kurven ihren Ausdruck; je schneller das Wachstum, desto steiler die Kurve. Man sieht nun in allen Kurven eine Verflachung gegen den 9., 12. und 15. Bruttag zu, d. h. eine Wachstumsverzögerung um diese Tage herum. Die Kurven bedeuten:
— — — Gesamtgewicht, ——— Gehirn, - - - - Leber, —·—·—· Lunge, ——— Bein, —··—··— Magen. (Nach Schmalhausen.)

doch irgendeine besondere Bewandtnis haben, sie können nicht bloß Schönheitsfehler der Kurve sein.

Die Knicke hemmen den Aufstieg der Kurve, also zeigen sie Wachstumshemmungen an, und zwar erscheinen solche Unterbrechungen um den 4., 6., 9., 12. und 15. Tag. Überlegung, Überlegung! Welche Besonderheiten, von denen wir wissen, kennzeichnen denn sonst noch gerade diese Tage? Man überdenkt die Entwicklungserscheinungen, da wird man gewahr: gerade in diesen Tagen spielen sich ja die wesentlichen Formbildungsprozesse am Embryo, Modellierung und Differenzierung, ab. Und nachdem der vermutete Zusammenhang noch eingehenderer Prüfung standgehalten hat, kann — als Ergebnis von an sich unscheinbaren Kurvenuntersuchungen — eine bedeutsame biologische Erkenntnis verkündet werden: Die Entwicklung geht nicht gleichmäßig vor sich, sondern in kleinen Perioden, in welchen bald Wachstum, bald Formbildung vorherrscht; nach einigen Tagen beschleunigter Produktion von Körpermasse mischt sich ein Faktor ein, der zu sprechen scheint: Jetzt, Masse, halte still; jetzt wirst du modelliert! Und nachher folgt erneutes Wachstum bis zur nächsten Depression, während welcher wieder Differenzierung zu Worte kommen darf. Einen Haken hat die Sache freilich noch: mag die Beobachtung des *zeitlichen* Zusammenfallens von Differenzierung und Wachstumshemmung auch unleugbar sein, bewiesen ist die *wirksame* Verkettung der beiden Erscheinungen damit noch nicht. Beweisen, mit der unentrinnbaren Überzeugungskraft, wie ein Experiment es vermag, kann reine Beobachtung wohl überhaupt schwerlich jemals. Aber erinnern wir uns bloß: wir haben ja im vorigen Kapitel ein Experiment kennengelernt, welches, allerdings von vollständig anderen Voraussetzungen herkommend, auf dieselbe Wirkungsbeziehung von Wachstum und Differenzierung hingedeutet hat: Wachstumsruhe war dort als Vorbedingung für Differenzierung bezeugt worden. Und obzwar jenes Experiment, für sich genommen, zu schwach war, um als zwingender Beweis anerkannt zu werden, gewinnt es durch die eben besprochenen Beobachtungen am Embryo, indem es sich ihnen gleichen Sinnes als Hilfstruppe zugesellt, an Schlagkraft, so wie ja auch umgekehrt die Deutung dieser Beobachtungen ihrerseits durch jenes Experiment an Zuverlässigkeit gewinnt.

Wenn unversehens das gleiche Ergebnis auf verschiedenen Wegen erreicht wird, so steigt die Glaubwürdigkeit des Ergebnisses, und um so mehr, je verschiedener die Ausgangspunkte und Wege waren. Welche Stütze bedeutete es doch für die Richtigkeit der Verwandtschaftsreihe der Tierarten, welche man zunächst nur aus äußeren Ähnlichkeitsbeziehungen abgeleitet hatte, als eines Tages mittels experimenteller Methoden, nämlich mit Hilfe der serologischen Verwandtschaftsreaktionen des Artenblutes, Ergebnisse erzielt wurden, die mit jenen älteren Ableitungen übereinstimmten. Wie hat nicht die aus wiederholten Beobachtungen immer beredter sich vordrängende Annahme eines ursächlichen Zusammenhanges zwischen der Blindheit der Höhlenkrebse und ihrem farblosen Äußern an Wahrscheinlichkeit gewonnen, als experimentell gezeigt war, daß auch verwandte oberirdische Formen nach Blendung ausbleichen! Vielleicht das schönste Beispiel liefert aber die Übereinstimmung der Ergebnisse, zu denen man von zwei denkbar verschiedensten Richtungen her hinsichtlich des Vererbungsmechanismus der Geschlechtszellen gelangt ist: von der anatomisch eingestellten Zellforschung her einerseits und der experimentierenden, den Organismus als Ganzes behandelnden Vererbungsforschung her andererseits[1]). Probleme werden — wir sagten es schon — wie Festungen von verschiedenen Seiten her angegangen. Darum soll der Biologe, und wenn er auch der engsten Spezialforschung obliegt, seine Augen stets offenhalten dafür, was auf den Nachbargebieten an Ergebnissen zutage gefördert wird; denn wie seine Arbeit ganz abliegenden Forschungen unter Umständen dienlich werden kann, so kann auch ihm selbst wieder von anderwärts ungeahnt wertvolle Unterstützung und Förderung zuteil werden.

In den Werkstätten der

Vergleichenden Physiologie

wäre ein längeres Verweilen sehr lohnend, doch ist gerade hier die Fülle des in Arbeit befindlichen Stoffes so erdrückend, daß ein einigermaßen erschöpfender Einblick auf

[1]) Vgl. diese Sammlung Bd. 2.

einem kurzen Rundgang nicht gewährt werden kann. Erläuterungen müßten so knapp gehalten werden, daß an Stelle von Verständnis nur Verwirrung und Niedergeschlagenheit beim Betrachter geweckt würden. Darum wollen wir nur an einer einzigen Stelle verweilen und uns eine Arbeit besehen, welche sowohl zur „Hormonlehre“ wie zur Lehre vom „Formwechsel“ einen Beitrag liefert, indem sie sich nämlich mit der Abhängigkeit körperlicher Veränderungen vom „Hormonsystem“, jenem mit besonderen Aufgaben und Leistungen betrauten, von eigenen Drüsen erzeugten Säftesystem des Körpers, dessen Enträtselung zu den fruchtbarsten Errungenschaften der modernen Biologie zählt, befaßt. Es ist das eine kleine Arbeit *über die Fingerschwielen von Kröten,* also über ein Thema, das den meisten wohl als recht unscheinbar und von wenig weitreichendem Interesse erscheinen wird.

Wir wählen diese Arbeit aber mit einer bestimmten Absicht aus; sie gibt nämlich Gelegenheit, ein Experimentalverfahren in Augenschein zu nehmen, das für die biologische Forschung ganz eigentümlich ist: die *Transplantation,* d. i. die Verpflanzung von Körperteilen. Man begreift den Sinn, wenn der Gärtner edle Reiser auf unedle Stämme pfropft. Wozu man aber Körperteile verpflanzt, ist nicht so leichthin begreiflich; ja, wenn man über den Zweck nicht aufgeklärt wird, kann einem geradezu als mutwillige Spielerei grausamer Tagediebe erscheinen, was in Wirklichkeit ernstester Forschung dient. Darum wollen wir an dem Beispiel der genannten Arbeit den Sachverhalt klarstellen:

Man hat im Lauf der letzten Dezennien immer mehr Belege dafür kennengelernt, daß sowohl die Ausbildung, als auch die Erhaltung und der Betrieb der meisten für die Vorbereitung und Ausübung der Geschlechtstätigkeit am Körper vorgesehenen Apparate in bindender Abhängigkeit von den Geschlechtsdrüsen steht; Geschlechtsdrüsen heißen die Organe, welche die Keimzellen liefern. Die Merkmale des männlichen Geschlechtes sind an die Tätigkeit der männlichen, die Merkmale des weiblichen Geschlechtes an die Tätigkeit der weiblichen Geschlechtsdrüsen gebunden. Auf diesen Zusammenhang war man schon längst durch die Beobachtung der Kastrationsfolgen hingewiesen worden, über die ja, zumal an Haustieren, genugsam Erfahrungen vorlagen: Ausfall der Keimdrüsen und Ausbleiben der Entwicklung (bzw. Rückbildung) der körperlichen Geschlechtsmerkmale, das gehörte zusammen wie Wassernot und Dürre. Aber die Rückschlüsse aus Ausfallerscheinungen sind nie ganz vertrauenerweckend; schon oben beim Hinweis auf die Unsicherheit von Anstichversuchen an Keimen ist gezeigt worden, warum nicht. Die Entfernung der Keimdrüse bedeutet für den Körper ja nicht bloß eine einzige einfache Veränderung, sondern da geschieht viel auf einmal: es wird operiert, also wird der Körper geschädigt; er wird an einer bestimmten Stelle geschädigt; es wird ein Organ entnommen, und Raum wird innen frei; es werden die Nerven an der Stelle unterbrochen; Blutung entsteht; Narben bilden sich. Freilich fehlt fortan auch die Wirksamkeit des Organs; wie aber will man entscheiden, daß unter der Fülle von Operationsfolgen gerade dieses Fehlen der Organtätigkeit es ist, das die nachfolgenden körperlichen Veränderungen verschuldete? Nur die positive Umkehrung des Ausfallversuches kann entscheiden; denn nur wenn durch Rückversetzung des entfernten Organes in den Körper die körperlichen Ausfallserscheinungen wieder beseitigt werden können, ist die Belanglosigkeit der übrigen Faktoren, Schädigung, Blutung, Raumänderung, Narbenbildung u. dgl., erwiesen, da man ja durch eine abermalige Operation gerade diese Faktoren, anstatt sie zu beheben, erst recht noch ein zweitesmal ins Spiel bringt. Also als Probe aufs Exempel: Rückversetzung einer funktionsfähigen Keimdrüse in einen seiner eigenen Keimdrüsen beraubten Körper; ein lebendes Organ in einen lebenden Körper. Das aber ist Transplantation. Der Beweis ist ganz in der erwarteten Weise gelungen, ja mehr noch: durch das Gelingen ermutigt, erweiterte man die Transplantationsversuche in kühner Weise, indem man kastrierten Männchen weibliche und kastrierten Weibchen männliche Keimdrüsen einpfropfte. Das Ergebnis war, daß in der Folge die männlichen Tiere weibliche und die weiblichen Tiere männliche Merkmale, körperlich und seelisch, annahmen; so geschah es beispielsweise, daß dank des Austausches der Geschlechtsdrüsen die Entwicklung der Brustdrüsen an ehemaligen Meerschweinchenmännchen so weit getrieben wurde, daß sie Milch absonderten und ihre Jungen in völlig weiblicher Art zu säugen und zu betreuen in die Lage kamen.

Alles das war im Prinzip für Wirbeltiere einschließlich des Menschen gültig befunden worden. Die Überprüfung an anderen Tierklassen, die manch einem überflüssig erscheinen könnte, ergab aber wunderlicherweise, daß zum mindesten bei den Insekten völlig andere Verhältnisse herrschen; denn bei diesen übt weder die Keimdrüse des eigenen noch des gegenteiligen Geschlechtes auf den Körper, der sie trägt, merklichen Einfluß; hier begegnen wir also abermals der Einsicht, daß sich der Umfang der Gültigkeit eines biologischen Prinzipes, selbst wenn es noch so sehr allgemein und umfassend anmutet, von vornherein niemals angeben läßt, eine Erschwerung der Theorienbildung, die für die Biologie geradezu typisch ist.

Wir bleiben also mit der Erörterung bei den Wirbeltieren; hier gilt für Ratte, Huhn und Frosch im Wesen das gleiche: ein Stoff, der aus der Keimdrüse abgeschieden wird, erregt die Ausbildung der körperlichen Geschlechtsmerkmale und erhält sie. Wie aber soll man verstehen, daß die Wirkung nur an bestimmten Körperstellen offenbar wird? Vorwiegend handelt es sich um Wachstums- und Differenzierungsvorgänge: dem Säugerweibchen wächst die Brustdrüse, dem Hahn schwillt der Kamm, dem Molch wächst eine Rückenleiste. Wie vermag ein Stoff zu bewirken, daß ein bestimmter umgrenzter Körperteil inmitten von unbeteiligten anderen allein zu wachsen und sich über die Nachbarschaft zu erheben beginnt? Wird vielleicht jener Stoff nur gerade und ausschließlich ebendiesen bestimmten Körperstellen zugeleitet und von anderen Körperstellen ferngehalten? Das war in der Tat die Frage, die vor allem geklärt werden mußte, und um sie zu klären, gab es nur ein Mittel: den Körperteil an eine *andere* Körperstelle zu versetzen, und zwar eine solche, welche normalerweise durch kein bestimmtes

Geschlechtsmerkmal ausgezeichnet wäre. Also abermals Transplantation, diesmal nicht des beeinflussenden, sondern des zu beeinflussenden Körperteils.

Als ältestes Experiment zur Entscheidung der vorliegenden Frage war die Verpflanzung einer jugendlichen Brustdrüse aufs Ohr bei weiblichen Kaninchen vorgenommen worden; Ergebnis: trotz des völlig abnormen Standortes mit Eintritt der Geschlechtsreife Schwellung und Milchproduktion in der verpflanzten Brustdrüse. Offensichtlich gelangt der beeinflussende Stoff also überallhin, und die Annahme einer besonderen örtlichen Zuleitung wird hinfällig. Wenn dennoch der Stoff örtlich umschriebene Wirkungen zu entfalten vermag, so kann das nur an Besonderheiten der Örtlichkeit liegen; folgendermaßen: die verschiedenen Körperteile müssen hinsichtlich ihrer Beeinflußbarkeit durch den Stoff verschieden beschaffen sein, so daß, sobald der Stoff im Körper kreist und sie alle bespült, die einen — unter diesen die Brustdrüsen — in bestimmter Weise reagieren, die anderen aber taub bleiben. Damit war aber wieder ein neues Problem erstanden: eben diese besondere Beschaffenheit der empfindlichen Partien und ihre Abgrenzung gegen die unempfindlichen festzustellen; und um dieses Problem dreht sich auch die genannte kleine Arbeit über die Fingerschwielen der Kröten.

Den männlichen Fröschen und Kröten wachsen in der Brunstzeit rauhe Schwielen an der Hand, Gebilde, die das Festhalten des schlüpfrigen Weibchens erleichtern und deren jahreszeitliche Ausbildung von der Tätigkeit der Geschlechtsdrüse im oben erörterten Sinne abhängig ist. Verpflanzt man nun Haut des zukünftigen Schwielenbezirkes an Stelle von gewöhnlicher Haut, so entwickeln sich mit Eintritt der Geschlechtsperiode in dem verpflanzten Bezirk, obwohl der sich ja jetzt gar nicht mehr im Gebiet der Hand befindet, dennoch die Schwielen ganz wie sonst. Andererseits gelangt im reziproken Pfropfversuch gewöhnliche Haut, an die Stelle von Schwielenhaut gesetzt, niemals zur Ausbildung von Schwielen. So erweist sich das Ob-oder-Nicht der geschlechtsbesonderen Differenzierung einer bestimmten Hautpartie als ein mit der Entwicklung erworbener und der betreffenden Partie fortan unverwischbar innewohnender Charakter. Es hätte natürlich auch das Gegenteil wahr sein können; von vornherein hätte man ganz gut der Hand als solcher die Fähigkeit zutrauen können, jedes beliebige, in ihren Bereich verpflanzte Hautstück zur Ausbildung von Schwielen zu veranlassen. Hier hat nur der Transplantationsversuch entscheiden können, und er hat eindringlich genug gegen diese letztere Möglichkeit entschieden.

Diese Entscheidung ist aber nicht etwa nur für die Frage der Schwielenbildung bei Kröten — wohl eine Frage von geringergradiger Wichtigkeit — von Belang, ja, selbst darin, daß sie zu dem allgemeineren Problem des Wirkungsmechanismus der Hormone einen aufklärenden Beitrag liefert, erschöpft sich ihre Bedeutung noch nicht; vielmehr wirkt sie sich noch in viel grundsätzlicherer Weise aus. Man erkennt darin nämlich eine Ergänzung und Erweiterung der Erfahrungen über die Charakterfestigkeit der Gewebe, die schon gelegentlich der Gewebezüchtung besprochen worden sind. War bei der Züchtung von Körpergewebe außerhalb des Organismus, also in einigermaßen indifferenter Umgebung, die Hartnäckigkeit, mit der die Gewebe an ihrem entwicklungsmäßig erworbenen Wesen festhalten, offenbar geworden, so zeigen die Verpflanzungsversuche, daß selbst die Einwirkungen einer neuen körperlichen, also sicher nicht indifferenten, Umgebung nicht ausreichen, um ein entwickeltes Gewebe umzustimmen, an die Besonderheiten und Erfordernisse des neuen Standortes im Körper anzupassen oder sonstwie wesentlich abzuändern. Ein entwickelter Körperteil bleibt, auch in fremde Umgebung verpflanzt, mit allen seinen Eigenheiten der, der er war.

Das ist ein Satz von sehr weittragender Bedeutung; und da es ja in der Absicht dieses Büchleins liegt, Bedeutsamkeiten, die dem Fernerstehenden nicht ohne weiteres einleuchten, ersichtlich zu machen, so sei gleich erläutert, inwiefern der Erkenntnis von der Unveränderlichkeit der Körperteile Wichtigkeit zukommt. Gehen wir vom normalen Körper aus. Da steht jedes Organ gerade dort, wo es seiner Aufgabe nach hingehört; das eigens zu betonen, klingt beinahe banal. Wir können aber in noch engerer Fassung behaupten: von den Organen wären die meisten für den Körper unbrauchbar, wo nicht gar schädlich, falls ihre Stellung im Körper eine andere wäre, als sie ist. Die Zweckmäßigkeit im *Bau* des Körpers ist demnach durchgreifend. Aber man ist nicht bei dieser Feststellung stehengeblieben. Man folgerte: Prinzipien, welche den Bau so zweckmäßig einzurichten vermögen, werden wohl auch die Eignung besitzen, die Zweckmäßigkeit des Baues zu erhalten, unter Umständen nach Störung wiederherzustellen. Man erinnerte an die Regenerationserscheinungen (s. o. S. 34), an die zweckmäßigen Regulationen (s. o. S. 61) und gelangte bisweilen bis dahin, dem Organismus ein allmächtiges Selbsterhaltungsvermögen in weitestem Maße zuzuschreiben.

Diese übertriebene Vorstellung wird nun mit einem Schlage durch die Ergebnisse der Transplantationsexperimente entwurzelt; denn in allen diesen Experimenten enthüllt sich die ohnmächtige Hilflosigkeit des entwickelten Organismus gegenüber den überraschenden und in seiner normalen Existenz nicht vorgesehenen Aufgaben, vor die wir ihn stellen. Wir stören ihn, und er kann sich nicht wehren. Wir verlagern künstlich nach Belieben seine Teile, bringen Organe an Stellen, wo sie sinnlos, ja schädlich sind, und er kann diesen sinnlosen oder schädlichen Zustand kaum beeinträchtigen, geschweige denn beheben. Beine, die man verdreht einpflanzt, arbeiten verkehrt und stören die Fortbewegung; Ringe der Luftröhre, die man oben-unten verkehrt einheilt, flimmern Schleim statt nach außen nach innen; verkehrte Darmstücke schlingen die Nahrung zum Magen zurück; eingeheilte überzählige Herzen pumpen ohne Blutfüllung in unsinnigem Leerlauf; und was soll schließlich jenem Versuchskaninchen die milchende Brustdrüse am Ohr? „Vernunft wird Unsinn, Wohltat Plage..."

Die Transplantationsexperimente und nur sie waren es also, die die Biologie von der früheren Überschätzung des zweckgemäßen Leistungsvermögens des Organismus zu einer den wirklichen und viel engeren Grenzen dieses Leistungsvermögens angemessenen Auffassung zurückgeführt haben. Und daß das eine Angelegenheit ist, welche schon unmittelbar an die grundsätzlichen Vorstellungen vom Leben rührt, wird wohl jeder begreifen.

Obwohl die meisten Transplantationsexperimente am entwickelten Körper die Unbeeinflußbarkeit der Pfropfstücke in zweifelsfreier Weise erwiesen hatten, so fehlte es doch nicht völlig an Befunden, die zu widersprechen schienen. Erst wieder nach eingehenden kritischen Prüfungen ist klargeworden, daß die vermeintlichen Widersprüche wieder nur durch einige jener satanischen Irreführungen vorgetäuscht waren, vor denen der Lebensforscher nie genug auf der Hut sein kann. So gingen beispielsweise die Berichte über die Ergebnisse der Verpflanzung von Hautstücken verschiedener Färbung auseinander. Man hatte zu Heilzwecken sogar Haut zwischen Weißen und Negern verpflanzt; man hatte Haut zwischen Tieren verschiedener Fellfarbe oder zwischen verschieden gefärbten Stellen des gleichen Tieres verpflanzt. Behielt auch in den meisten Fällen die verpflanzte Haut ihr ursprüngliches Gepräge, so kam dennoch auch eine Eindunkelung heller Haut in dunkler Umgebung zur Beobachtung, und alsbald wurden Stimmen laut, die auf Grund dieses Ergebnisses der Möglichkeit einer umgebungsgemäßen Umstimmung und Anpassung der Haut das Wort redeten, dem Körper neuerlich ein erweitertes Einflußvermögen zusprechend.

Aber zwei Quellen von Irrtum waren dabei übersehen worden. Die eine ist das selbständige Ausbreitungsvermögen des Farbstoffes, und die andere ist eine Verdrängung des Pfropfstückes durch Gewebe der Nachbarschaft. Beides kommt gelegentlich vor. Farbzellen, die den dunklen Farbstoff tragen, können in das helle Hautstück aus der Umgebung eindringen und ihm ein dunkles Aussehen verleihen, ohne daß deshalb sein Charakter auch nur im mindesten umgestimmt worden wäre; ebensowenig umgestimmt, wie ein Mensch, in den Tollwutgift eines Hundes eindringt, dadurch zu einem Hund wird. Oder aber man findet wirklich nach einiger Zeit an der Pfropfstelle Haut vor, die selbst dunklen Farbstoff bildet; dann hat man überhaupt nicht mehr die *verpflanzte* Haut vor sich, sondern eine *neue,* aus der dunklen Umgebung hervorgewachsene Haut, die sich, nachdem das verpflanzte Stück zugrunde gegangen ist, an dessen Stelle breitmacht. Bloß hat sich die Verdrängung und Ersetzung des Transplantates so allmählich abgespielt, daß sie für die oberflächliche Beobachtung nicht merklich wurde, wodurch eine Änderung im Transplantat selbst vorgetäuscht werden konnte.

Nicht bloß der Tierversuch, auch die chirurgische Praxis hat etliche derartige Überraschungen gebracht: an transplantierten Knochen, von denen sich bei der Untersuchung nach Jahren herausstellte, daß sie entweder nur als abgestorbene Stäbe gleich Fremdkörpern erhalten waren, oder daß sie der Ansiedlung von neuem, aus der Umgebung gelieferten Knochengewebe als Unterlage gedient hatten, so wie künstliche Waben von einem Bienenschwarm bezogen werden; oder an transplantierten Drüsen, welche mit der Zeit von Bindegewebe durchwuchert und am Ende völlig ersetzt worden waren. In allen Fällen aber, in welchen entwickelte Transplantate als solche in lebensfähigem Zustand dauernd erhalten bleiben, wahren sie ohne Ausnahme ihr ursprüngliches Wesen und verraten nicht die Spur von sinngemäßer Anpassung an die Bedürfnisse des Körpers.

Völlig andere Verhältnisse finden wir aber vor, wenn wir anstatt des entwickelten den erst in Entwicklung befindlichen Organismus betrachten. Wieder aus Transplantationsversuchen hat die allgemeingültige und fundamentale Erkenntnis hergeleitet werden können, daß auf je jüngerem Entwicklungsstadium der Körper steht, desto größer seine Beeinflussungskraft und desto größer auch die Beeinflußbarkeit seiner Teile ist. Ja, durch das ausgiebige experimentelle Studium dieser Erscheinungen ist man eigentlich überhaupt erst hinter das Wesen der Entwicklung gekommen, welche sich eben geradezu als der schrittweise Übergang der Körperteile aus einem Anfangszustand von Unbestimmtheit, Plastizität und Beeinflußbarkeit in einen Endzustand der endgültigen Bestimmtheit, Starrheit und Unbeirrbarkeit darstellt; ein

Übergang, wie ihn ähnlich jeder Mensch nochmals erlebt an der Entwicklung seines Geistes, seiner Denkformen, die sich im Lebenslauf ja auch aus der Ungebundenheit der Jugendjahre mit Naturnotwendigkeit zu der Starrheit und Unbeugsamkeit des Alters wandeln.

Bei der Entwicklung des Keimes stellt sich die Sache folgendermaßen dar: Man nimmt zwei Molcheier vor (warum gerade Molcheier, wird weiter unten noch erklärt werden), zwei Eier gleichen, aber sehr *jugendlichen* Alters, etwa auf dem Stadium der vielzelligen kugeligen Blase. Die entwicklungsgeschichtliche Forschung hat, wie wir oben auf S. 125 berichtet haben, den Anlagenplan des künftigen Körpers recht genau bis auf die frühesten Stadien zurückverfolgen können und kann uns mit sicheren Angaben dienen darüber, welches Gebilde sich aus dieser und jener Eiregion später herstellen würde. Aus diesen Angaben erfahren wir beispielsweise, daß ein bestimmter oberer Keimbezirk, nennen wir ihn etwa G, normalerweise an der Ausbildung des Gehirns, ein anderer, auf der Unterseite der Kugel liegender, nennen wir ihn H, an der Ausbildung von Körperhaut teilnehmen würde, wenn wir die Keime sich ungestört entwickeln ließen. Wir lassen sie aber nicht ungestört, sondern wollen sie einer Operation unterwerfen. Wir schneiden dem einen Keim den Bezirk G und dem anderen Keim den Bezirk H aus und vertauschen durch Transplantation die beiden Stücke gegeneinander. Jetzt steht das G-Stück aus dem ersten Keim in der H-Umgebung des zweiten und das H-Stück des zweiten in der G-Umgebung des ersten. Die Keime entwickeln sich aber beide weiter, und sobald ihre Formbildung einen solchen Grad erreicht hat, daß wir die verschiedenen Körperteile zweifelsfrei identifizieren können, untersuchen wir sie. Was zeigt sich da zur größten Verwunderung? Es sind beide Keime gestaltlich ganz normal, und weder sitzt bei dem einen mitten im Hirn ein Stück Haut noch bei dem anderen mitten in der Haut ein Stück Hirn, wie man es hätte erwarten müssen, wenn die beiden Stücke H und G sich unbekümmert um ihre neue Lage im Körper in ihrer ursprünglichen Entwicklungsrichtung weiterentwickelt hätten. So aber erfahren wir, daß H durch eine

G-Umgebung veranlaßt werden kann, einen Bildungsgang als G einzuschlagen, ebenso wie G durch seine neue H-Umgebung zu H umgestimmt wird. Daß hier die Umstimmung nicht wie oben durch Verdrängung des Pfropfstückes vorgetäuscht wird, sondern faktisch eintritt, dessen versichert man sich dadurch, daß man zur Transplantation Material wählt, welches von Natur aus oder künstlich durch unverwischbare Merkmale, beispielsweise eigene Färbung, gekennzeichnet ist. Und was hier für Hirn und Haut besprochen wurde, gilt ebenso für Auge, Muskel, Niere, Herz, Skelett und andere Organe. Wir ersehen also, daß den einzelnen Keimteilen ihr Schicksal noch nicht endgültig und unverrückbar vorgeschrieben ist, und dieser Tatsache ist es eben zu verdanken, daß ein junger Keimteil nach künstlicher Verlagerung noch eine sinngemäße Einpassung in das Gesamtgefüge des Körpers erfahren kann.

Nun gut. Jetzt nehmen wir aber nochmals zwei Molchkeime vor, diesmal von ein wenig *älterem* Stadium als die ersten; wir wiederholen an ihnen die gleiche Operation, vertauschen ein G-Stück des einen gegen ein H-Stück des anderen und lassen dann die Entwicklung weitergehen. Dann untersuchen wir und — finden, seltsam genug, bei dem einen mitten im Bauch ein Stück Gehirn und bei dem anderen mitten im Hirn eine Insel Haut; ein völlig anderes Ergebnis als vorhin, ein ganz widersinniges Ergebnis; der einzige maßgebende Unterschied aber ist das verschiedene Alter der Keime zur Zeit der Verpflanzung. In dem auf späterem Stadium verlagerten Keimteil war offensichtlich die Entwicklungsrichtung schon so eindeutig festgelegt gewesen, daß er sich den umstimmenden Einwirkungen seiner neuen Umgebung nicht mehr gefügig erweisen konnte, wie das jüngere Transplantat es noch imstande war.

Indem man nun in umfangreich angelegten, mühevollen Versuchsreihen die verschiedenen Altersstufen des Keimes schrittweise, und zwar in immer engeren Schritten, mittels der Transplantation auf ihren Entwicklungsgrad durchprüfte, gewann man eine erstaunlich genaue Kenntnis von jenem stillen, unsichtbaren und mit anderen Mitteln gar nicht enthüllbaren Bestimmungs- und Beeinflussungsprozeß, welcher, indem er den einzelnen Keimteilen sozusagen ihre Rollen zuteilt, den Gang der Entwicklung festlegt; die nachfolgende, sichtbar werdende Formbildung ist nur mehr blinde Ausführung der Bestimmungen des vorangegangenen Prozesses, ganz wie auch in der Photographie die „Entwicklung" der Platte nichts weiter zu besorgen hat, als ein Bild, das schon vorher unsichtbar festgelegt war, zu sichtbarer Erscheinung zu bringen.

Man kann es gar nicht abschätzen, wie weit man mit der Erforschung der Kräfte und Wirkungsweisen beim Entwicklungsgeschehen noch im Rückstand wäre, wenn man die Transplantationsverfahren nicht gekannt hätte. Die Ausarbeitung dieser Verfahren war aber durchaus keine so einfache Sache. Wer ahnt denn, wenn er über das Sätzchen „Ein Körperteil wird da- oder dorthin verpflanzt" hinwegliest, auch nur entfernt, welche und wie vielerlei Schwierigkeiten sich der Durchführung einer solchen Verpflanzung entgegentürmen? Lebende Körperteile lassen sich ja nicht so ohne weiteres verschieben wie Gegenstände einer Zimmereinrichtung.

Besehen wir uns die Sache zunächst einmal am erwachsenen Organismus. Man steht in der Bearbeitung eines Problems, beispielsweise: Erforschung einer Organfunktion, und erkennt die Transplantation als einzig vorteilhaften Weg zur Lösung. Nun möchte man sich bei der Anstellung des Versuches am liebsten ganz nach den Erfordernissen des Problems richten können. Jedoch, gleich zu Anfang macht das lebende Objekt, an dem man arbeiten muß, seine eigenen Forderungen geltend, und die nehmen auf Probleme wenig Rücksicht. So bleibt man stets auf den Weg des Kompromisses verwiesen und muß sich auf Unternehmungen beschränken, die mit den Erfordernissen des Problems und des Objektes gleichzeitig verträglich sind.

Schon bei der Wahl des Versuchsobjektes beginnt das Dilemma. Man wählt im allgemeinen die Tierart so niedrig, als der Versuchszweck es irgend zuläßt, vorausgesetzt natürlich, daß nicht vergleichende Untersuchungen gerade eine bestimmte Tierart verlangen. Niedere Tiere haben vor höheren mancherlei Vorzüge: größere Lebenszähigkeit, geringere Mühe der Wartung, geringere Raumerfordernis und billigeren Preis; nicht zuletzt kommen ethische Motive hinzu, die den Forscher, wenn es irgend angeht, operative Eingriffe an höheren Tieren vermeiden lassen. Da andererseits die Tiergruppe, mit der man am besten vertraut ist, immer noch die Wirbeltiere sind — denn das meistbearbeitete Tier, der Mensch, gehört in diese Gruppe —, zieht man mit Vorliebe Wirbeltiere heran; niedere Wirbeltiere also. So sind besonders die Lurche (Amphibien) zu bevorzugten Operationsobjekten geworden; ihrer unbeschreiblichen Widerstandsfähigkeit und Duldsamkeit sollte man geradezu ein Denkmal setzen. Es wäre aber irrig, zu glauben, daß alle Amphibien gleich günstig sind. Vielmehr bestehen selbst zwischen nächst verwandten Arten enorme Unterschiede in der Empfindlichkeit, und wer diese Verschiedenheiten nicht kennt oder nicht beachtet, vergeudet nutzlos Zeit, Arbeit und Material. Schon zwischen Frosch und Kröte gibt es eine ausgeprägte Verschiedenheit; während nämlich die Kröten und schon gar die Unken die schwersten operativen Eingriffe mit einer kaum glaublichen Gleichgültigkeit ertragen, sind die Frösche schon gegenüber verhältnismäßig geringfügigen Eingriffen so hinfällig, daß sie sich für Versuche, welche eine längere Lebensdauer erfordern, gar nicht eignen. Und ähnlich tiefgreifend ist der Unterschied zwischen verschiedenen Arten von Molchen: die einen überleben mit ungeminderter Lebensfrische, in kaum getrübter Freßlust und munterster Beweglichkeit ganz schwere Verstümmelungen, die anderen wieder erliegen nach wenigen Tagen den scheinbar geringfügigsten Schädigungen. Bei allen diesen Arten ist also keineswegs, was der einen recht, der anderen billig, und jede hat für den Schweregrad einer Schädigung ihr eigenes subjektives Maß. Damit muß man rechnen.

Alle diese Einschränkungen beziehen sich aber erst auf die allgemeine Eignung für Operationen überhaupt. Je nach der Besonderheit der Operation treten aber noch ganz besondere Einschränkungen hinzu. Soll ein äußeres Organ außen an den Körper transplantiert werden, so wird man behäbige, träge Tiere vorziehen, weil lebhafte in ihrem Ungestüm das Pfropfstück noch vor der Einheilung abwerfen oder wegscheuern würden. Will man Haut verpflanzen, so muß man Tiere vermeiden, deren Haut so rissig ist, daß Nähte in ihr nicht halten; und solcher Bedenken noch mehr. Hat man endlich eine Tierart, die als Träger für das Transplantat geeignet scheint, ausfindig gemacht, so tauchen jetzt von seiten des Transplantates selbst weitere Forderungen auf. In erster Reihe müssen wir dem Transplantat Bedingungen sicherstellen, die ihm Einheilung und Fortleben gestatten, und diese Rücksicht schließt gleich wieder eine ganze Anzahl von Körperstellen als ungeeignet zur Aufnahme eines Transplantates aus. Das Transplantat muß an der Stelle, an die wir es bringen, die Möglichkeit haben, schnellstmöglich in den Blutkreislauf und an das Nervensystem wieder eingeschaltet zu werden; ferner braucht es Raum, Ruhe und eine Umgebung, mit der es verwachsen kann. Alles das und noch vieles andere muß erwogen werden, ehe man an die Operation geht.

Aber selbst wenn man die denkbar günstigsten Bedingungen hergestellt zu haben vermeint, ist der Operationserfolg deshalb noch lange nicht gewährleistet. Er ist von so unübersehbar vielerlei Kleinigkeiten mit abhängig, daß sich eine halbwegs sichere Prognose überhaupt erst nach langen Proben und Enttäuschungen, und immer nur für den besonderen Fall, stellen läßt. Man operiert in Narkose; die Operation gelingt, das Tier lebt, und nach ein paar Tagen stirbt es doch: es hat die Narkose nicht vertragen; die einen vertragen Äther nicht, die anderen kein Chloroform, und manche, die Äther vertragen, erschweren die Operation wieder auf besonders komische Art: sie sondern im Ätherrausch einen Duft ab, der die Nase des Operateurs zu unausgesetztem Niesen reizt und jegliches Arbeiten unmöglich macht. Wieder andere scheiden in der Narkose eine Hülle aus zähem und schlüpfrigem, aber unabwaschbarem Schleim ab, derart, daß man seine Not hat, mit Pinzette und Schere die Haut zu erfassen und zu eröffnen. Dann kommt die Operation mit ihren kleineren oder größeren Ärgernissen, doch ist das wenigstens ein Vorgang, bei welchem im wesentlichen die eigene Handfertigkeit und Übung den Erfolg bestimmt und die Launen des Objektes weniger ins Gewicht fallen. Diese melden sich aber sofort nach der Operation von neuem. Hat man nicht für unverrückbaren Sitz des Transplantates gesorgt — und bei Organen, an deren Bewegungsfreiheit man interessiert ist, kann man das oft nicht —, so findet man oft schon kurz nach der Pfropfung das Pfropfstück auf unbegreifliche, aber wirkungsvolle Weise wieder aus dem bepfropften Körper hinausbefördert: da wird gequetscht und gewetzt und gedrückt, bis es ausgestoßen ist, und größere Tiere helfen durch Nagen, Reißen und Scharren noch nach; schützt man das Transplantat durch einen Verband, so wissen die Tiere sich des Verbandes meist zu entledigen, abgesehen davon, daß auf der schlüpfrigen, feuchten Haut der niederen Wirbeltiere ein Verband überhaupt nicht hält. Geht das Transplantat unmittelbar nach der Operation verloren, so weiß man wenigstens, woran man ist, und kann die Operation beizeiten wiederholen. Es gibt da aber viel boshaftere Fälle: das Pfropfstück bleibt erhalten, heilt an, lebt weiter, Tage, Wochen; alles scheint in schönster Ordnung, man freut sich des Erfolges und rechnet auf ein sicheres Ergebnis — bis eines Tages das Transplantat sich über die Körperwand zu erheben beginnt; dann erscheint zwischen ihm und dem Körper ein Stiel, der Tag für Tag dünner wird, das Transplantat allmählich hinausdrängt und endlich durchreißt; nun liegt es erst wieder draußen, abgeworfen nach so vielen Wochen berechtigter Erfolgshoffnung. Andere Tiere wieder haben die Eigenart, nach einer Operation zu häuten; begreiflicherweise kann die sich abschälende Oberhaut ein noch nicht festgewachsenes oberflächliches Transplantat auch leicht mitreißen. Gegen die mechanische Lockerung eines Transplantates vermag man sich bisweilen durch geeignete Wahl des Transplantationsbettes zu sichern, und durch allerhand Tricks kann man das Festhalten auch ohne Nähte und Klammern erzwingen:

Einklemmen in gestraffte Muskeln, Einhüllen in innere Häute, Verspreizen zwischen Skeletteilen u. dgl. Der Zufälle und Möglichkeiten, den Operationserfolg in Frage zu stellen, bleiben aber immer noch genug.

Am bösartigsten sind gewisse umfangreiche Gegenmaßnahmen, die der Organismus selbst ins Werk setzen kann, um sich eines Transplantates zu entledigen. Verschiedene Organismen unterscheiden sich voneinander nicht nur in ihrem Aussehen und Bau, sondern auch durch chemische Besonderheiten, die bis in die einzelne Zelle hinein ausgeprägt sind. Der Grad der chemischen Verschiedenheiten geht dem Verwandtschaftsgrad parallel; er ist um so geringer, je näher zueinander Tierarten ihrer Organisation nach stehen, bzw. je näher verwandt miteinander Angehörige der gleichen Tierart sind. Einem Körper ein Transplantat anderer Herkunft einfügen, heißt also, ihm einen Bestandteil aufzwingen, der ihm chemisch mehr oder weniger fremd ist. Und gegen derartige fremde Eindringlinge ist der Körper mit sehr wirksamen Schutzeinrichtungen versehen. Man kennt sie im Prinzip schon von den bakteriellen Infektionen her. Es werden Schutzstoffe ausgebildet, welche die fremden Gewebe zu vernichten imstande sind. Überdies wird ein Heer von freibeweglichen Zellen mobilisiert und gegen den Fremdling zu Felde geschickt, um ihn aufzufressen. Die Abwehrmaßnahmen sind gewöhnlich energisch genug, um ihr Ziel zu erreichen; sie sind um so energischer, je größer die konstitutionelle chemische Verschiedenheit zwischen Transplantat und Körper ist. Aus diesem Grund ist es nur in seltenen Fällen möglich, als Träger für ein entwickeltes Transplantat ein Tier zu wählen, das einer anderen Tierart als der Spender des Transplantates angehört, und wenn, dann muß es doch zumindest eine ganz nahe verwandte Tierart sein. Je höher die Tierart steht, desto näher müssen Spender und Empfänger verwandt sein, und bei den Säugetieren ist in der Regel gar schon ein bestimmter naher Grad von Familienverwandtschaft erforderlich, wenn das Transplantat vor der Vernichtung bewahrt bleiben soll.

In einer Arbeit über Hauttransplantation bei Säugetieren

findet sich folgende merkwürdige Angabe: Ein Wurf neugeborener Ratten, also lauter Geschwister, war in zwei Gruppen geteilt und die eine Partie bei ihrer Mutter belassen, die andere Gruppe aber einem anderen Rattenweibchen zum Säugen zugeteilt worden. An den herangewachsenen Geschwistern wurden dann Hautstücke von Tier zu Tier transplantiert, und zwar in zweierlei Kombination: entweder auf ein Tier der gleichen oder auf eines der anderen Säugungsgruppe. Und es ergab sich, daß während die Transplantation innerhalb der gleichen Gruppe keinen Schwierigkeiten begegnete, die Transplantation auf die von einer fremden Mutter gesäugten Tiere mißlang. Also: obwohl selbst der Verwandtschaftsgrad in beiden Fällen der gleiche war — Geschwister allesamt —, hatte die verschiedene Ernährung die chemische Beschaffenheit ihrer Körper so weit abgeändert, daß in der wechselseitigen Abwehr gegen die Transplantate eine ausgesprochene Entfremdung offenbar wurde. Interessant ist an dem Ergebnis vor allem die nachhaltige Beeinflussung der Körperkonstitution durch die Ernährung; die Transplantation war nur das Mittel, um diese auf andere Weise schwerlich feststellbare Erscheinung aufzudecken. Dennoch ist der Befund unter dem Titel von Transplantationsexperimenten als bescheidenes Nebenergebnis veröffentlicht worden, so daß er gerade für diejenigen, die er am ehesten angeht, nämlich die Biochemiker, vermutlich verlorengehen dürfte; denn diesen wird es kaum in den Sinn kommen, in einer Arbeit unter chirurgischem Titel Material zu suchen, das für sie Wert hätte. Dies nur nebenbei.

Für uns hier sollten diese Versuchsergebnisse nur die engen Grenzen, die dem Transplantationsvermögen gesteckt sind, bezeugen. Die Schwierigkeiten sind ganz gewaltig. Der Forscher aber, dem an ihrer Überwindung gelegen ist, gibt sich nicht so leicht geschlagen. Er sucht und findet Auswege. Er bestrebt sich, die Abwehrkräfte, die dem Transplantat feindlich sind, zu schwächen; eines der Mittel dazu ist die Unterernährung. Jeder weiß von den Bemühungen des Arztes, einen von Infektionskrankheit Befallenen bei gutem Kräftezustand zu erhalten, damit der Körper sich der fremden

Keime erwehren könne. Gerade das Gegenteil wird man verfügen, wenn man die Abwehrfähigkeit des Körpers herabsetzen will, wie es im Transplantationsfall erwünscht ist. Und in der Tat heilen Transplantate an mangelhaft ernährten Tieren weitaus leichter ein als an üppig gefütterten; daß man ein vernünftiges Maß einhalten muß, damit nicht die Operation zwar gelinge, der Patient aber verende, versteht sich. Es erscheint immerhin erstaunlich genug und geradezu paradox, daß Tiere, in je schlechterem Ernährungszustand sie gehalten werden, desto größere Erfolgsaussichten im Transplantationsexperiment versprechen, und sicherlich sind viele Mißerfolge von früher dadurch verschuldet worden, daß man es für ganz selbstverständlich und unerläßlich erachtet hatte, operierten Tieren eine besonders gedeihliche Pflege mit reichlicher Nahrung zu gewähren. Auf Selbstverständlichkeiten darf man eben nie bauen. Würde man es von vornherein nicht auch für selbstverständlich halten, daß ein kleines Teilstück eines Organes leichter zur Transplantation gebracht werden könnte als das große Organ im ganzen? Und dennoch trifft unter gewissen Umständen das Umgekehrte zu, da ein ganzes Organ in seiner Abgeschlossenheit den Angriffen des umgebenden Körpers besser Widerstand leisten kann als ein beliebig herausgeschnittenes Fragment, das mit seinen ausgedehnten Wundflächen den Schädigungen gleichsam alle Pforten öffnet.

Im übrigen ist es fast ausgeschlossen, allgemeine Vorschriften für Transplantationsverfahren zu entwerfen, denn jeder Fall hat seine Besonderheiten und erfordert eine eigens auf ihn zugeschnittene Behandlung. Blindlings einem Tier etwas herausschneiden und einem anderen irgendwo hineinstecken, das ist nicht Transplantation, das ist überhaupt nicht Wissenschaft. Vielmehr ist die gründlichste Vorkenntnis der Eigentümlichkeiten des Spender- und Empfängertieres Vorbedingung eines erfolgreichen und sinnentsprechenden Vorgehens. Wie man durch geschickte Ausnützung naturgegebener Verhältnisse weit eher zum Erfolg kommt als durch unbedachte Gewaltsamkeit, dafür kann nichts besser zeugen als das folgende Experiment, das zwar nicht eigentlich Transplantation genannt werden kann, aber doch seiner Anlage nach hier erwähnt zu werden verdient, zumal es eines der genialsten ist, die die Biologie kennt: Man weiß nun schon seit etlichen Jahrzehnten, daß dem Menschen und den Wirbeltieren die Kenntnis der Lage im Raum durch den Gleichgewichtsapparat im inneren Ohre vermittelt wird; man weiß heute auch, wie. Das Verständnis des Gleichgewichtsapparates ist seinerzeit aber nicht bloß durch Untersuchungen am Wirbeltier, sondern auch durch die vergleichende Betrachtung der analogen Verhältnisse bei Wirbellosen sehr gefördert worden, und besonders den Krebsen fiel dabei eine wichtige Rolle zu. Man fand nämlich bei ihnen am Vorderkopf ein Organ, das seiner Einrichtung nach für ein Gleichgewichtsorgan gehalten werden konnte: eine Höhlung, ausgepolstert mit Sinneszellen, vollgestopft mit kleinen toten Steinchen, die je nach der Lage des Körpers mit ihrem Gewicht bald auf diese, bald auf jene Stelle des Sinnesorganes drücken mußten, also sehr wohl einen Eindruck von der Raumlage des Körpers zu vermitteln imstande zu sein schienen. Und da man im Ohr der Wirbeltiere auch mit Sinneszellen gepolsterte Hohlräume mit Steinchen kannte, war das Interesse besonders rege. Wie nun aber die Gleichgewichtsfunktion der bewußten Krebsorgane tatsächlich beweisen? Folgendermaßen: Krebse häuten; sie werfen ihren Panzer ab und bilden einen neuen. Man konnte nun beobachten, daß bei jeder Häutung die Steinchen aus dem gewissen Sinnesorgan zugleich mit dem Panzer abgeworfen wurden und daß das Tier sich nachher von selbst wieder neue Steinchen aus dem umgebenden Sand als Ersatz einführte. Nun täuschte man einmal das Tier und stellte es in Eisenfeilspäne anstatt in Sand, so daß es nach der Häutung in seinem Sinnesorgan Eisensplitter trug statt der gewohnten Steine. Nach all diesen Vorbereitungen kam der eigentliche Versuch: Von der Seite her wurde ein Magnet dem Tier genähert, und siehe da — das Tier wandte sich und stellte sich immer mit der Bauchseite gegen den Magneten, als wäre dort „unten“; die Wirkung des Magneten wird vom Tier völlig mit der Wirkung der

Schwerkraft verwechselt. Wie im Experimentalfall das Eisenfeilicht durch den Magneten, so werden im Normalfall die Steinchen durch die Schwerkraft angezogen und in wahrnehmbarer Weise gegen die Wand der Organhöhlung gedrängt. Der Beweis für die Gleichgewichtsfunktion des Organes ist also einwandfrei gelungen. Gelungen aber nur vermöge einer genauen Vorkenntnis und zweckdienlichen Ausnützung der Eigentümlichkeiten des Objektes.

Noch ein Beispiel aus anderem Gebiet: Wir haben oben, als wir von der Imprägnierung und mikroskopischen Untersuchung der Nerven sprachen, betont, daß die Entscheidung, ob feste Fäden oder eine flüssige Schlauchfüllung den Nervenvorgang fortleiten, unsere Auffassung von der Art des Nervenvorganges sehr wesentlich mitbestimmen muß. Das mikroskopische Bild zeigt beides, Fäden (Neurofibrillen) und umgebende zähe Flüssigkeit (Neuroplasma), aber eine Entscheidung zugunsten des einen oder anderen gestattet es nicht. Hingegen hat die Beachtung mikroskopischer Eigentümlichkeiten ein Experiment angebahnt, das weiterführen konnte. Man fand nämlich bei Blutegeln, die in stark zusammengezogenem Zustand präpariert worden waren, die Fibrillen in stark gewundenem Verlauf, am ausgedehnten Tier aber gestreckt. Offenbar ist ihre Gesamtlänge im gestreckten und im zusammengezogenen Tier die gleiche, während natürlich die sie umgebende Flüssigkeitssäule im letzteren Fall wesentlich kürzer ist als im ersteren. Wenn man aber in beiden Fällen die Zeit bestimmt, welche eine Nervenerregung braucht, um von vorn nach hinten fortzuschreiten, so findet man beidemal die gleichen Werte; das muß wohl so gedeutet werden, daß der Weg der Erregung im zusammengezogenen Tier ebenso lang ist wie im gestreckten, und da, wie gesagt, das gleiche auch für die Fibrillen, nicht aber für das Neuroplasma gilt, kann man schließen, daß der Erregungsweg wohl den Fibrillen entlang läuft. Abermals sehen wir hier den Erfolg eines Experimentes in der verständnisvollen Ausnützung der durch die Gunst des Objektes von selbst sich bietenden Vorteile begründet.

Im allgemeinen ist die Eruierung eines bevorzugt geeigneten Versuchsobjektes die wichtigste Voraussetzung für fruchtbares Experimentieren; beispielsweise verdankt die Vererbungslehre ihren enormen Aufschwung im wesentlichen der Aufdeckung einiger besonders günstiger Objekte. In gleicher Weise ist der große Fortschritt der experimentellen Entwicklungsforschung durch die ausgezeichnete Eignung der Keime bestimmter Tierarten für experimentelle Eingriffe überhaupt erst ermöglicht worden.

Paradeobjekte sind die Eier der Molche. Über einige Ergebnisse von Transplantationsversuchen an solchen ist oben schon gesprochen worden. Man wird begreifen, daß die Schwierigkeiten einer Transplantation an Eiern im Vergleich zu erwachsenen Tieren schon infolge der Kleinheit der Objekte beträchtlich gesteigert sind. Aus zwei Eiern, die selbst nicht größer sind als ein Stecknadelkopf, an vorbestimmter Stelle je ein Fragment auszuschneiden, das im Durchmesser nur etwa 1 Zehntelmillimeter mißt, diese Stücke dann gegeneinander auszutauschen und als Transplantate den Keimen wieder glatt einzufügen, das sind Manipulationen von solcher Feinheit, daß ihre Durchführung eine, man möchte fast sagen artistisch geschickte und geübte Hand erfordert.

Aber es ist gar nicht die Kleinheit, welche die meisten Schwierigkeiten bereitet, sondern ganz andere Erschwernisse treten hinzu. Jedes Ei ist durch einige mehr oder minder zähe Hüllen nach außen hin geschützt; diese Hüllen müssen entfernt werden, wenn man an das Ei herankommen will. Man müht sich, das Ei aus seinen Häuten unverletzt herauszuschälen; hat man es mit einiger Plage endlich dahin gebracht, gleitet das Ei endlich aus der zerrissenen letzten Hülle nackt ins freie Wasser — platzt es und zerfließt. Das kommt daher, daß das Ei auf den innerhalb der Hüllen herrschenden Flüssigkeitsdruck eingestellt ist und die abweichenden Druckverhältnisse nach der Enthüllung nicht verträgt. Nur manche Eier sind widerstandsfähig genug, um den Verlust der Hüllen zu überdauern, und bei etlichen anderen kann man wenigstens durch entsprechende künstliche Veränderung in der Beschaffenheit des Wassers die Zerstörung einigermaßen verhindern. An der Operation selbst gehen zahlreiche Keime zugrunde; die Aufzucht der überlebenden aber erfordert erst recht wieder die größte Sorgfalt, denn mit den Hüllen ist ihnen ja der wirksamste Schutz gegen Schädigungen geraubt worden. Da sind jetzt die peinlichsten Vorsichtsmaßregeln geboten und die nebensächlichste Kleinigkeit will bedacht sein; selbst die Herkunft des Wassers, in dem die operierten Keime leben sollen, ist nicht belanglos; Leitungswasser und Quellwasser, ja selbst das Wasser verschiedener Landstriche, ist von ganz verschieden guter Eignung. Ferner kleben die Keime leicht am Boden des Zuchtgefäßes fest, ersticken an dieser Stelle und zerfallen. Da bei der Mehrzahl der Tierarten reife Eier nur in einer bestimmten Jahreszeit, oft nur durch wenige Wochen hindurch, zur Verfügung stehen, kann es Jahre währen, ehe man die günstigsten Operations- und Aufzuchtbedingungen für ein Objekt ausfindig gemacht hat. Daß man dann, wenn man einmal soweit ist, an dem Objekt auch fernerhin nach Möglichkeit festhält, ist ein selbstverständliches Gebot der Ökonomie. Auf diese Weise ist auch die Berühmtheit und Unentbehrlichkeit des Molcheies und des Seeigeleies entstanden.

Von den Problemen

Blicken wir nun einmal kurz zurück: Wir haben etliche Werkstätten der Lebensforschung durchschritten und mannigfaltige biologische Probleme, große und kleine, bedeutsamere und bescheidenere, in Bearbeitung gefunden. Für die meisten darunter läßt sich die Werkstätte mit Namen angeben; manche werden von verschiedenen Seiten her in mehreren Werkstätten zugleich bearbeitet, manche auch durch breite Vorarbeiten erst angreifbar, sozusagen sturmreif gemacht. Immer aber waren es Probleme, welche konkreter *sachlicher* Arbeit ein Ziel setzen und die Richtung weisen konnten. Mögen die Ziele manchmal auch falsch oder unklar gesteckt sein; wofern sie nur aufklärende Tatsachenforschung anregen, sind sie von Nutzen. Man könnte fast sagen: Probleme existieren, um gelöst zu *werden*, nicht, um gelöst zu *sein*; sich an das Ziel heranzuarbeiten, nicht, das Ziel völlig zu erreichen, ist Forschung. Es gibt natürlich genug kleine Teilprobleme, die so bescheiden gestellt sind, daß sie restlos gelöst werden können; das sind aber gleichsam nur Randsteine an der unendlichen Straße. Die großen Probleme aber, denen kann man sich ewig nur *nähern*:

Entweder *weichen* sie, je näher man ihnen zu kommen glaubt, desto weiter in die Ferne zurück; es sei als Beispiel aus jüngster Vergangenheit nur kurz erwähnt, daß man sich nach den umfangreichen und vielseitigen Untersuchungen vieler Dezennien über die Grundzüge der Nerventätigkeit eben erst einigermaßen ins klare gekommen meinte, als auch schon eine unerwartete neue Erfahrung die vermeintliche Klärung wieder beseitigte und das Ziel abermals in weite Ferne verschob; ein ähnliches Schicksal traf neuerdings auch das Problem der Muskelarbeit. Aber nicht allein, daß sie vor dem Angriff zurückweichen, die Probleme, sie *verschieben* sich auch und ändern ständig ihr Gesicht. So erkennt man z. B. die naive Streitfrage, die in den frühesten Jugendtagen der Biologie die „Ovisten" und „Animalkulisten" entzweite, nämlich: ob, nach jenen, das Ei, oder aber, nach diesen, der Samen der „Keim" des Organismus wäre, mit durch die Jahrhunderte gehörig abgewandeltem Gesicht, aber immer noch in Spuren erhalten, in der Frage der modernen Entwicklungs- und Vererbungslehre, ob dem Ei nicht eine wesentlich bedeutsamere Rolle als dem Samen zufalle, wieder. Dann sind da noch Probleme, die sich, indes man sich ihnen nähert, *zerspalten*; statt an ein Wegende gelangt man an eine Weggabelung; das eine Problem verschwindet, und mehrere neue erstehen an seiner Stelle. Ein Problem hat bestanden: Was ist es, das die zeitgerechte Entfaltung der Geschlechtsmerkmale regelt? Man findet die Antwort — oben ist darüber berichtet worden — in der besonderen Wirkung kreisender Geschlechtsstoffe. Aber zugleich mit der Antwort auf die eine taucht gleich eine Vielheit von neuen Fragen auf: Was ist es denn dann, was die Tätigkeit der Geschlechtsdrüse zeitrichtig zur Auslösung bringt? Was gibt den verschiedenen Körperteilen die Fähigkeit, sich dem Geschlechtsstoff gegenüber eigentümlich zu verhalten? Und andere mehr. Und schließlich sind da Probleme, die sich bei näherem Zugriff vollends *verflüchtigen,* Scheinprobleme, Fragen, die nicht in einem Rätsel der Wirklichkeit, sondern in einem Irrtum des Fragers wurzeln.

Wie solche Scheinprobleme aussehen, mag eine kleine Anekdote illustrieren: Eine gelehrte Gesellschaft hatte einstmals eine Preisfrage ausgeschrieben. Es sollte erklärt werden, warum ein bis an den Rand gefülltes Glas Wasser nicht überginge, wenn man vorsichtig ein Stück Zucker darin löste. Es gingen viele Antworten ein, tiefgründige Erklärungen und scharfsinnige Hypothesen. Bis eines Tages die wahre Lösung kam: Das Wasser läuft ja über! Und die Lehre: Man prüfe ein Problem, ehe man zuviel Arbeit daran verschwende, erst einmal auf seine Existenzberechtigung!

Der Forscher ist ein Mensch, als Mensch aber sieht und deutet er die Welt nach Menschenart mit Vorurteilen. Das ist die Quelle von Täuschungen. Unbewußt siebt der Mensch die Eindrücke der Außenwelt und behaftet sie mit verschiedenem subjektivem Gewicht. Davon legt die Neigung, Tieren je nach ihrer zufälligen mimischen Ähnlichkeit mit Menschen bestimmte menschliche Charakterzüge zuzuschreiben, beredtes Zeugnis ab; für den ungeschulten und unkritischen Beobachter heben sich nämlich nur gerade jene Züge heraus, die ihm bekannt und gewohnt sind — und das sind, da man ja überwiegend Menschen um sich sieht, begreiflicherweise menschliche Züge —, während alle übrigen leicht übersehen werden. Auf diese Weise sind besonders in der Tierpsychologie eine ganze Anzahl schiefer Probleme und falscher Folgerungen zustande gekommen, gedankliches Unkraut, dessen Wuchern durch die Gemütsbedürfnisse außerwissenschaftlicher Kreise noch begünstigt wurde. Was Jägerlatein und Tierliebhaberei in dieser Hinsicht an Verwirrung geleistet haben, verdiente, in einem eigenen Buch ergötzlich erzählt zu werden.

Aber nicht allein in der Tierpsychologie hat unkritische Naturbetrachtung zu falschen Problemstellungen verleitet, sondern auch andere biologische Fächer kennen diese Gefahr. Als man beispielsweise in der Zeit des aufblühenden Darwinismus von jedem Lebewesen anzugeben versuchte, welchen besonderen Nutzen ihm seine eigentümliche Färbung bedeutete, verließ man sich bei der Beurteilung vollständig auf das menschliche Ermessen. War die Färbung eines Wesens in Übereinstimmung mit der Färbung seiner üblichen Umgebung, so beurteilte man sie als „Schutzfärbung", war die Färbung hingegen grell hervorstechend, so konnte man nicht anders, als ihr die Rolle einer „Schreck-" oder „Warn-" färbung den Feinden gegenüber zuzuschreiben.

Was man dabei nicht bedachte, war, daß man die Welt ja nur mit seinen menschlichen Augen und nicht mit denen der Feinde, auf die die Farben berechnet sein sollten, betrachten konnte; daß aber den verschiedenen Lebewesen die Welt doch wahrscheinlich völlig verschieden und anders als dem Menschen erscheinen müßte. Viel später erst kam die Besinnung. Die vergleichende physiologische Untersuchung der tierischen Sinne leitete sie ein. Man stieß auf die größten Abweichungen von den bekannten menschlichen Verhältnissen; man fand etwa von Insekten, daß sie mit den Füßen schmecken, mit den Beinen hören können, und daß das grelle Rot einer Blume für Insekten gar nicht mehr als Farbe sichtbar ist[1]). Man fand, daß Tiere überhaupt oft nach ganz anderen Bezugsmerkmalen vergleichen und bewerten als der Mensch. Ohne kritische Untersuchung läßt sich also gar nicht angeben, ob von irgendeiner Tierart bestimmte, uns auffällige oder verborgen bleibende Merkmale anderer Naturdinge ebenso unterschieden oder übersehen werden wie von uns. Diese Einsicht mußte die Grundlagen der Einteilung der Färbungen in Schutz-, Schreck-, Warnfärbungen usw., also auch die Bewertung, auf Grund welcher die einzelnen Arten in die entsprechenden Kategorien eingereiht worden waren, erschüttern. Wie als Probe aufs Exempel kamen dann noch direkte Untersuchungen hinzu: Man eröffnete an einer großen Zahl von Vögeln — ausgesprochenen Insektenfeinden — die Mägen und fand darin bemerkens-

[1] Vgl. ds. Sammlg. Bd. 1.

werterweise die besser geschützten, mit vermeintlicher Schutz- oder Schreckfärbung bewehrten Insektenformen in nicht geringerer Anzahl gefressen vor als die minder geschützten. Es ist nur begreiflich, daß man an dem ganzen Problem der „Schutz"färbung irre werden kann, sobald man erkennt, daß der angenommene „Schutz" in Wirklichkeit gar nicht besteht. Daß das Für und Wider in dieser Sache noch in Diskussion steht, braucht uns hier nicht weiter zu bekümmern; man lernt die Gefahr unkritischer Problemstellung kennen, und das genügt für unsere Zwecke. Immerhin ersieht man aus dem Beispiel, daß auch trügerische Probleme, insofern als sie eine Prüfung ihrer Berechtigung anregen, zu Tatsachenforschung drängen, und das ist jedenfalls von Wert.

Alle die verschiedenen Problemarten, die wir soeben kurz überschauten, haben dennoch das eine Gemeinsame: daß man durch konkrete Untersuchungen — „Tatsachenforschung", wie wir es genannt haben — an sie herankommen kann. Ihnen steht gegenüber die Gruppe jener Probleme, mit denen man sich nicht mehr *sachlich,* sondern nur noch *gedanklich* auseinandersetzen kann. Begriffe, deren Inhalt nicht erschöpfend definiert ist oder sich überhaupt nicht begrenzt definieren läßt, sind die Quellen solcher Probleme; ihre Behandlung reicht oft genug aus dem Kompetenzbereich der Naturwissenschaft in den der Philosophie hinüber, und bezeichnenderweise gehören gerade die Grundbegriffe unserer Wissenschaft in dieses Grenzgebiet: Leben, Tod, Anpassung, Zweckmäßigkeit, Ganzheit, Organisation, Erregung, Gedächtnis — das ist eine Auslese solcher Probleme, an deren Bewältigung Überlegung und klare Begriffsbestimmung neben der Tatsachenforschung gleichberechtigt teilnehmen müssen. Freilich, Philosoph und Naturforscher stecken die Grenzen jeder anderswo. Während der Philosoph sich den Grundproblemen des Lebens ausschließlich oder vorwiegend von der gedanklichen, „spekulativen" Seite her zu nähern bestrebt ist, trachtet der Naturforscher, die Bestimmung und Füllung jener problematischen Begriffe von der Seite der Tatsachen her soweit zu treiben wie nur möglich. Immer bleibt aber ein Rest, der nur mehr gedanklich bewältigt zu werden vermag, und wenn wir daher der Arbeit der Lebensforschung in vollem Maße gerecht werden wollen, müssen wir dieser ihrer halb philosophischen Auseinandersetzung mit ihren eigenen Grundlagen noch einige Beachtung schenken.

Besehen wir uns etwa vom Standpunkt des Naturforschers aus das Problem des *Todes*! Was ist Tod? Das ist keine Frage mehr, auf die man durch sachliche Untersuchung allein Antwort erhoffen dürfte, wie etwa auf die Frage: Was ist Knochenerweichung? oder: Was ist Befruchtung? Die Frage ist unbestimmt, und der Begriff des Todes ist unbestimmt. Vor jedem Versuch einer Beantwortung muß also getrachtet werden, den Begriff des Todes festzulegen und in eine faßbare Form zu bringen; man wird also etwa folgendermaßen fragen: Welche Erscheinungen sollen wir vernünftigerweise als Tod bezeichnen und welche nicht?

Eines ist von vornherein klar: daß man den Tod nur auf das Leben beziehen kann, so wie man vom Schatten nicht anders sprechen kann denn als von einem Mangel an Licht. Wollen wir aber mit einem einzigen Wort das wesentlichste Merkmal des Lebens umreißen, so heißt dieses Wort: *Organisation.* Organisation ist planvolle Ordnung in einem geschlossenen Natursystem, wo jeder begriffene Teil einen bestimmten Dienst für das Ganze zu leisten hat, wo jedem Teil auch seine angemessene Stellung und Aufgabe im Rahmen dieses Ganzen zugewiesen ist; im Gegensatz zur chaotischen Unordnung, wo alles kunterbunt und sinnlos durcheinanderliegt und durcheinanderwirkt. Von ihrer Organisation her haben die Lebewesen den Namen „Organismen". Jeder Organismus gleicht einem Fabrikbetrieb mit hunderterlei Teileinrichtungen, Laboratorien und Apparaten, die alle in erstaunlich feiner Weise aufeinander und auf das Betriebsziel: Erhaltung der gemeinsamen Existenz, abgestimmt sind. Wenn Leben nun als „harmonisch geregelter Betrieb von Teilen in einem übergeordneten System" definiert werden kann, so wird Tod wohl irgendwie mit der Einstellung dieses Betriebes begründet werden müssen. Bis daher ist alles klar; bis hierher gehen auch Naturforscher und Philosoph gemeinsamen Weg. Jedoch bereitet auch schon das unbestimmte „irgendwie“ dem Naturforscher Unbehagen, und er wendet sich an die Tatsachen zurück, um dieses „irgendwie“ durch bestimmtere Aussagen ersetzen zu können.

Soll man, fragt er zunächst, *jegliche* Einstellung des Betriebes als Tod bezeichnen? Es entspricht, muß man sich sagen, dem Sprachgebrauch, nur die *endgültige* Betriebseinstellung Tod zu nennen. Man kann also schon präziser fragen: Ist jede Einstellung des Lebensbetriebes endgültig? Die Antwort lautet: Selbst wenn man auch von den Erscheinungen des Scheintodes absieht, bei welchem ja, wie schon der Name sagt, nur der äußere Anschein einer Einstellung des Lebensbetriebes erweckt wird, so bleiben noch genugsam einwandfreie Erfahrungen bestehen, welche lehren, daß eine vorübergehende, also nicht endgültige, nicht „tödliche“ Einstellung des Lebensbetriebes vorkommen kann. So wie eine Uhr, die stillesteht, immer noch eine Uhr bleibt, da sie ja, frisch aufgezogen, weiterlaufen kann, so braucht auch ein Lebewesen, wenn es eine Zeitlang kein Leben äußert, deshalb durchaus noch nicht tot zu sein. Lebenstätig sein und am Leben sein, ist keineswegs dasselbe.

Man denke doch nur einmal an die trockenen Pflanzensamen. Lebenstätigkeit braucht Wasser, und ohne Wasser bleibt das Leben stehen; aber es hört deshalb nicht auf: tritt wieder Wasser hinzu, geht das Leben von neuem weiter. Zwar stimmt es nicht, daß der Mumienweizen aus den ägyptischen Pharaonengräbern nach 5000jähriger Ruhe wieder soll keimen können, aber 1—200jährige Samen aus Pflanzensammlungen hat man jedenfalls noch im Besitz ihrer Keimfähigkeit gefunden. Doch nicht bloß Samen, nicht bloß Bakterien und einzellige niederste Tiere, sondern selbst vielzellige Tiere, Rädertiere, Bärentierchen und Fadenwürmer, können völlige Eintrocknung ohne Schaden für ihre weitere Lebensfähigkeit überstehen. Wochenlang können sie leblos im Zustand verschrumpfter Mumien verharren; nicht bloß scheinbar, sondern wirklich leblos, denn man kann ihnen in dieser Zeit tatsächlich alles, was sonst zum Leben notwendig ist, entziehen. Man kann sie in reinem Stickstoff, ohne jeglichen Sauerstoff, also ohne Atmungsmöglichkeit, halten, man kann sie in flüssigem Helium, d. i. bei einer Temperatur von —268,5 ^{0}, nahe dem absoluten Nullpunkt (—273 ^{0}), oder auch in Siedehitze halten, man kann sie mit dem intensivsten Ultraviolett bestrahlen — all das läßt sie ungeschoren. Denn sie leben ja nicht. Aber tot sind sie ebensowenig. Denn sowie man ihnen Wasser, Wärme und Sauerstoff wieder zur Verfügung stellt, erholen sie sich, um ihr Leben dort fortzusetzen, wo sie es bei der Eintrocknung unterbrochen hatten. Ein Dornröschenschicksal der Wirklichkeit! Und selbst noch an den Organen der höchstorganisierten Tiere, der Wirbeltiere, ja, des Menschen, läßt sich erweisen, daß Einstellung des Lebensbetriebes nicht endgültig, nicht Tod zu sein braucht. Man hat abgeschnittene Ohren, Finger, Darmstücke, Herzen völlig eintrocknen lassen, und als man sie dann wieder durchtränkte, da gingen die unterbrochenen Lebenserscheinungen in ihnen wieder weiter: die Blutgefäße reagierten, der Darm schlang, das Herz pulsierte kräftig. Die Uhr war wieder aufgezogen und lief.

So war der Begriff des Todes nach einer Richtung hin enger umschrieben: die *zeitliche* Aufhebung des Lebensbetriebes bedeutet nicht Tod. Man konnte weiterfragen: Ist die *räumliche* Aufhebung des Lebensbetriebes, die Zerlegung eines Lebewesens, Tod? Auch da fand sich unter den bekannten Tatsachen verschiedenes verwertbar, und prinzipiell ist die Antwort verneinend. Das heißt, wenn es gelingt, ein Lebewesen so zu zerlegen, daß nachher eine lückenlose Zusammenfügung der Teile wieder möglich ist, kann das Leben weitergehen, die Zerlegung an sich darf also noch nicht als Tod bezeichnet werden. Nun ist allerdings diese Überlegung für die höheren Tiere illusorisch, denn eine Wiederzusammenfügung nach Zerlegung ist bei ihnen nicht durchführbar. Dagegen gelingt die Verwirklichung bei niedersten Tieren von einfachem Körperbau. Man kann Meeresschwämme oder auch gewisse Polypen durch feinstmaschigen Gazestoff so durchquetschen, daß sie in lauter winzige Fragmente zersiebt werden; überläßt man dann die Fragmente sich selbst, so schließen sie sich nach und nach wieder aneinander, ordnen sich nachher wieder gleich zu gleich, und schließlich ersteht aus den Gewebetrümmern ein neuer Schwamm oder Polyp, wie der Phönix aus der Asche. Nur wenn die räumliche Organisation eines Lebewesens unwiederbringlich zerstört ist, haben wir von Tod zu sprechen. Ein zermalmtes Lebewesen ist, ohne daß ihm etwas Wägbares abhanden gekommen wäre, tot, aus Mangel an Organisation.

Wenn wir dem Begriff des Todes noch enger zu Leibe rücken, stoßen wir auf eine Spaltung des Begriffes: Wir werden auf die Notwendigkeit geführt, Stufen des Todes anzunehmen, wie es Stufen des Lebens gibt. Die Gewebezüchtung hat uns bewiesen, daß Teilstücke eines Organismus ganz gut ihr selbständiges Leben führen können; also: der Organismus kann tot sein, indes seine Teile weiterleben. Wir erfahren also: Tod ist nicht etwas schlechthin Gegebenes, sondern kann sinngemäß immer nur auf ein bestimmtes Objekt bezogen werden. Die Zellen führen im Organismus ein Eigenleben niedrigerer Rangordnung, das dem höheren Leben des Organismus eingeordnet und dienstbar ist. Dieses bedarf jener, aber jene vermögen ohne dieses zu existieren. Mit seinen Zellen stirbt also notwendigerweise auch der Organismus, aber das Umgekehrte ist keine Notwendigkeit.

Man erkennt schon, um wieviel sicherer und klarer sich mit einem so an Tatsachen definierten Todesbegriff umgehen läßt als mit dem nebelhaften Begriff Tod, den die Sprache des täglichen Lebens uns ganz verschwommen darbietet. Noch deutlicher wird das, wenn wir die Naturwissenschaft zur Frage der *Unsterblichkeit* Stellung nehmen sehen: Sowenig es berechtigt ist, von Tod schlechthin zu sprechen, sowenig darf Unsterblichkeit in naturwissenschaftlichem Sinn als allgemeiner Begriff, ohne Bezug auf das sterbliche Objekt, gehandhabt werden. Ob „das" Leben enden muß, ist also eine nach naturwissenschaftlichem Brauch viel zu unklare und vieldeutige Frage, als daß eine andere als poetische Antwort darauf erteilt werden könnte. Konkreter ist zu fragen: Muß jedes Lebewesen als solches, das es ist, ein zeitliches Ende nehmen? Mit der Einschränkung „als solches, das es ist", schiebt der Naturforscher die Verpflichtung von sich, auf Dinge und Möglichkeiten einzugehen, die in dieser Welt der wahrnehmbaren Wirklichkeit nicht nachweisbar sind und deren Erörterung aus seinem Kompetenzbereich hinaus in den von Religion oder Philosophie fällt.

Stofflich geht jedes Lebewesen in jedem Augenblick zugrunde und entsteht in jedem Augenblick von neuem; denn der „Stoffwechsel" der lebenden Substanz bedeutet ständigen Umbau: Substanz wird aufgenommen, wird verarbeitet, angegliedert, und andere wird dafür abgeschieden. Nach einer gewissen Zeit ist also jedes Lebewesen substantiell vollständig ein anderes geworden. Aber sein Wesen überdauert diesen Wechsel. So wie man an alten Bauwerken nach und nach Stein um Stein ersetzen kann, ohne die Anordnung, die Architektur, zu zerstören, so überdauert beim Organismus die Organisation, die wir als sein Wesen erkannt haben, den stofflichen Wandel. Daher kann denn als „Ende eines Lebewesens als solchen" nicht der Zeitpunkt angesehen werden, wo alle alten Steine durch neue ersetzt sind, sondern erst der Zeitpunkt, zu dem auch die neuen nicht mehr im Gefüge gehalten werden können. Wir können danach also die Frage nach der Unsterblichkeit noch präziser so stellen: Muß die Organisation, die das Wesen und die Persönlichkeit eines Lebewesens ausmacht, ein zeitliches Ende nehmen? Daß sie gewaltsam zerstört werden kann, ist klar. Trägt sie aber nicht vielleicht auch den Keim zu ihrer eigenen Auflösung schon in sich? Und auf diese Frage kann der Biologe in der Tat eine präzise Antwort geben, die da lautet: Ein Lebewesen kann unsterblich sein, und aus dem Leben folgt noch nicht mit Notwendigkeit der Tod.

Der Nachweis läßt sich allerdings wieder nur an den niedersten Lebewesen wirklich erbringen, aber für das Prinzipielle reicht das ja aus. Bekanntlich teilen sich die einzelligen Urtierchen, sobald sie eine bestimmte Größe erreicht haben, entzwei; die beiden Teilstücke, jedes wieder ein ganzes Tier, wachsen abermals, teilen sich wieder, und so wächst der Stamm in Art einer Lawine an. Wenn die Teilungssprößlinge aneinander klebenblieben, so könnten wir den Zellklumpen als ein wachsendes Tier ansprechen. In Wirklichkeit trennen sie sich aber nach der Teilung voneinander. Nun ist es natürlich bis zu einem gewissen Grade Sache der Definition, ob wir die Teilung des Muttertieres in zwei selbständige Hälften Tod nennen wollen. Aber sinngemäß wäre eine solche Definition nicht; denn obwohl unmittelbar nach der Teilung zwar die vordere Hälfte die hintere und die hintere Teilhälfte die vordere vermißt, schafft sich doch jede dieser Hälften in kurzem wieder nach, was ihr zu einem Ganzen fehlt, und was da weiterwirtschaftet, ist doch nichts anderes als der persönliche Rest Muttertier. Die Sachlage ist die gleiche wie bei einem Regenwurm, dem das Hinterende abgetrennt worden ist und der es dann durch Regeneration ersetzt; er bleibt währenddessen doch der Regenwurm. Wenn Urtierchen sich teilen, ist das also nicht Tod, und wenn sie sich bis in Ewigkeit ohne Alters- und Erschöpfungserscheinungen fortteilen könnten, hätten wir sie füglich als unsterblich zu bezeichnen. Und sie können es in Wirklichkeit. Das hat man nach mehrfachen Irreführungen, die durch Mängel in den Züchtungsbedingungen verursacht waren, in jahrelangen sorgfältigen Beobachtungen sichergestellt. Unter idealen Bedingungen könnte ein Urtierchen demnach (freilich unter periodischer Abschnürung und Neubildung einer Hälfte) ins ungemessene fortleben, und wenn es Gedächtnis besäße, müßte es sich an Ewigkeiten zurückerinnern können.

Nun sehen wir aber nach den höheren, vielzelligen Tieren. Ihre Bestandteile, die Gewebezellen, können sich — das hat die Gewebezüchtung gezeigt — im Prinzip wie einzellige Urtierchen verhalten, d. h. ohne Alterserscheinungen, ohne einem natürlichen Tod zu verfallen, fortgesetzt vermehren. Einige können das, aber nicht alle, und beim Zusammenleben im Organismus können sie es keiner. Das Zusammenleben im Organismus ist es, das den Zellen der höheren Tiere Altern und Tod bringt, und zwar aus zwei Gründen, die heißen: Abnützung ohne vollwertigen Ersatz, und Entwicklung bzw. Differenzierung. Man erinnere sich nur einmal, daß wir oben in zwei Kapiteln davon gesprochen haben, daß Wachstumsruhe eine Voraussetzung für Differenzierung und Leistung ist. So wie sich auf warmer Milch eine Haut nur bilden kann, wenn sie ruhig steht, und nicht, wenn man sie ständig rührt, so treten auch in der Zellsubstanz gewisse tiefgreifende, nicht wieder behebbare Veränderungen erst auf, sobald der Zellinhalt nicht mehr durch ständiges Wachstum und Teilung in Jugendlichkeit und Unruhe gehalten wird. Im Organismus wird nun durch Wachstumshemmungen die Wachstumsruhe der Zellen erzwungen; die verjüngende Teilung setzt aus; damit wird zugleich die Zelle jenen einsinnigen inneren Veränderungen ausgeliefert, die ihr für immer die Freizügigkeit rauben, Veränderungen, die zuerst nur Differenzierung heißen, dann aber unmerklich in Altern übergehen und endlich in den Tod ausmünden.

Immer deutlicher hebt sich heraus, daß die Sterblichkeit der höheren Tiere in dem einsinnigen, unverwischbaren Erstarrungsprozeß der Entwicklung begründet ist, welcher Prozeß nur die Keimzellen verschont, die in den Kindern fortzuleben bestimmt sind. Die Keimzellen sind unsterblich, der übrige Körper aber muß dem Tode verfallen. Und bei den höchsten Tieren läßt sich die Antwort gar noch näher umgrenzen und sagen: der Körper stirbt mit seinem Hirn. Gehirn und Rückenmark sind bei den Wirbeltieren einschließlich des Menschen das Zentralorgan, von dem aus der Betrieb des ganzen Körpers geleitet und gesteuert wird. Hier ist die Stelle, welche die Harmonie unter den Leistungen der Körperteile erhält, hier ist die ganze Organisation des Betriebes repräsentiert. Wenn dieses Organ nicht mehr existiert, dann ist es auch mit der Ordnung im Betrieb zu Ende. Wenn das Nervensystem stirbt, dann ist der Organismus tot, dann ist die Persönlichkeit tot, das Individuum besteht nicht mehr als das, das es war. Dann haben die Teile ihre Führung verloren und ihre Verbindungen, dann können sie nicht mehr einander rücksichtsvoll dienen, nicht mehr in planvoller Gemeinsamkeit zusammenarbeiten. Dann herrscht bloß noch blinde Anarchie und führt zu rascher Verwüstung. Der Hirntod ist also der wahre Tod aller höheren Organismen. Das Hirn aber muß sterben, auch wenn wir von allen zufälligen krankhaften Störungen absehen, sterben an seiner Entwicklung und Abnützung. Frühzeitig schon werden die Hirnzellen zu Sonderlingen, und frühzeitig schon stellen sie die verjüngende Tätigkeit der Vermehrung ein und differenzieren sich. Wie wir vorhin erörtert haben, muß Altern dann ihr unaufhaltsames Schicksal sein. So altert denn das Nervensystem — man kann sogar im mikroskopischen Präparat Anzeichen dessen wahrnehmen —, altert, bis es eines Tages untauglich ist und seinen Dienst nicht mehr versehen kann. Dann ist das Ende da: der Organismus hat sich mit seinem Hirn zu Tode entwickelt.

Wenn wir hier dem Problem des Todes eine eigene Betrachtung gewidmet haben, so geschah das, wie gesagt, in der Absicht, auch jene gedankliche Tätigkeit des Biologen zu beleuchten, die sich über seiner sachlichen Tätigkeit aufbaut, indem sie jene Probleme, die in ihrer natürlichen Unbestimmtheit sachlich unmittelbar gar nicht angreifbar sind, durch scharfe begriffliche Fassung so zurichtet, daß sie angreifbar werden. Nicht immer liegt der Fortschritt der Biologie in neu entdeckten Tatsachen. Oft liegen Tatsachen unzusammenhängend und wenig beachtet, seit langem unverwertet angestaut, bis eines Tages die glückliche klare Formulierung eines Problems für sie Verwendung schafft, die vielen losen unter gemeinsamem Gesichtspunkt zusammenfaßt und aus dem alten, längst bekannten und vernachlässigten Material ein wertvolles neues Besitztum der Wissenschaft gestaltet. Auch das ist dann Fortschritt.

Forschungsstätten.

Wir sind am Ende unseres Rundganges durch einige Werkstätten der Lebensforschung angelangt. Wir wollen nur noch einen Blick auf die Anstalten zurückwerfen, in welchen diese Werkstätten untergebracht sind. Anstalten? Gewiß, für mancherlei Art biologischer Forschungstätigkeit bedarf es keiner besonderen Anstalten. Eine Waldwiese mit summenden Insekten, frischer Sinn und klares Hirn mögen manchem genügen; einem anderen wieder eine Sammlung alter Bücher und einem Dritten ein Mikroskop und ein Tropfen Tümpelwasser. Aber die Mehrzahl moderner Untersuchungen setzt doch — das wird man ja aus der Schilderung der Arbeitsweise im vorigen ersehen haben — die Ausstattung mit reichlicheren Hilfsmitteln, Apparaten und Einrichtungen voraus. Da begreiflicherweise sich nicht jeder alles das an Hilfsquellen, was er gerade für seine Forschungen benötigt, selbst beschaffen kann, haben sich Zentralstellen ausgebildet, an welchen die Hilfsmittel vorrätig gehalten werden, und an diesen Sammelpunkten spielt sich die meiste Forschungstätigkeit ab.

Ursprünglich dienten nur die wissenschaftlichen Institute der Hochschulen diesem Zweck; die Studenten werden in enger Berührung mit der Forschungstätigkeit herangebildet und gegen Ende ihrer Studienzeit unter Anleitung älterer erfahrener Forscher zu selbständiger Forschungsarbeit verhalten. Da durch die Rücksichtnahme auf den Lehrbetrieb in diesen Instituten der Forschungstätigkeit immerhin gewisse Grenzen gesteckt und Arbeitsplätze sowohl als auch Arbeitsmittel nur in beschränktem Maß verfügbar sind, ergab sich mit der Zeit die Notwendigkeit, besondere, möglichst vielseitig ausgestattete Forschungsinstitute zu errichten, an welchen selbständigen Forschern Gelegenheit zur Durchführung ihrer Studien gegeben wäre. Die deutschen Kaiser-Wilhelm-Institute, das französische Institut Pasteur, das amerikanische Rockefeller Institute seien als bekannte Beispiele solcher reinen Forschungsanstalten genannt.

Einer Eigenart der Biologie Rechnung tragend, schuf man aber noch eine weitere, ganz besondere Gattung von Instituten, nämlich die biologischen Stationen an Meeresküsten und Seeufern, deren älteste und berühmteste die Deutsche Zoologische Station in Neapel ist. Wer jemals vor den herrlichen Schauaquarien, welche dieser Station angegliedert sind, gestanden ist, der hat einen überwältigenden Eindruck von der Formenfülle der Lebewelt des Meeres erhalten. Und in dieser ganzen unerschöpflichen Fülle, die sich ihm da verschwenderisch darbietet, kann der Lebensforscher wühlen und nach den geeignetsten Objekten suchen. Je reichlicher die Auswahl, desto größer die Wahrscheinlichkeit, auf günstige Forschungsobjekte zu stoßen; daß aber die Auffindung eines bevorzugt günstigen Objektes oft das ganze Geheimnis einer glücklichen Problemlösung ist, haben wir ja mehrfach zu erfahren Gelegenheit gehabt. Bedenkt man noch die weiteren Vorzüge der Wasserfauna: die wohlbekannten und leichter als bei Erdtieren zu beherrschenden Bedingungen des Milieus (Beschaffenheit und chemische Zusammensetzung des Wassers), die Leichtigkeit der Einsammlung des Materiales in großen Mengen, die Einfachheit der Haltung und Wartung u. dgl. mehr, so erkennt man den Nutzen einer biologischen Wasserstation; er wird an vielen Orten noch durch die systematische Ausführung von fischereibiologischen Untersuchungen, welche rationelle Grundlagen für Fischzucht und Fischfang zu erarbeiten streben, ins Praktische gesteigert.

An Süßwasserstationen tritt noch eine weitere Aufgabe hinzu: Ein abgeschlossener See oder Teich oder Tümpel beinhaltet auch eine einigermaßen abgeschlossene Lebensgemeinschaft von Bewohnern. Alle Tierarten darin sind in Verteilung, Ausbreitungsmöglichkeit, Futterbesorgung, Gefährdung, Lebensweise, kurz, hinsichtlich ihrer ganzen Existenzbedingungen so sehr von den Lebensverhältnissen der übrigen Bewohner abhängig, sind untereinander und mit den Bedingungen des Milieus derart fein ins Gleichgewicht gestellt, daß wir ein stabiles System, einen Organismus höherer Stufe vor uns zu sehen meinen, in welchem die einzelnen Lebewesen, grob gesprochen, eine ähnlich untergeordnete Stelle einnehmen, wie sonst auf nächst niedriger Stufe die einzelnen Zellen innerhalb des Körpers. Der See als eine Art von überindividuellem Organismus wird damit aus einem Forschungsgebiet zu einem eigenartigen Forschungsproblem, indem nicht mehr dem isolierten Einzeldasein des Lebewesens, sondern der geschlossenen Gemeinschaft aller das Interesse zugewandt wird.

Die wissenschaftlichen Forschungsinstitute und Stationen

haben aber neben ihrem materiellen einen ideellen Vorzug, den man nicht hoch genug einschätzen kann. Die Forscher der verschiedensten Arbeitsrichtungen, die hier zusammenströmen, treten in persönliche Fühlungnahme, in regen Gedankenaustausch, bereiten einander Kritik und Förderung; aus einer solchen wechselseitigen gedanklichen Befruchtung entwickeln sich von selbst neue Ideen, und keiner kehrt an die Stätte seiner begrenzten Sondertätigkeit heim, ohne fruchtbare Anregungen und erweiterten Blick mitzubringen.

Die Veröffentlichung der Werke.

Wir haben das wissenschaftliche Werk im Werden, den Forscher bei seinem Wirken verfolgt. Was nun noch interessieren könnte, ist vielleicht das Schicksal, das die Werke nehmen, sobald sie fertig die Werkstätte verlassen. Der Forscher arbeitet ja in der Regel nicht, um sein eigenes Wissensbedürfnis zu stillen, sondern hat dem Fortschritt der ganzen Wissenschaft zu dienen, und in dem Maße, als eine Wissenschaft an Vielfältigkeit und Ausbreitung zunimmt, steigert sich auch die Verpflichtung, jedes einigermaßen bedeutsame Ergebnis zu *allgemeiner* Kenntnis zu bringen: ein positives Ergebnis, damit andere auf ihm weiterzubauen vermöchten — ein negatives Ergebnis, damit andere vor einer Wiederholung des gleichen erfolglosen Weges gewarnt seien.

Die Veröffentlichung wissenschaftlicher Ergebnisse durch *mündliche* Verlautbarung ist nur in beschränktem Kreise möglich. Es bestehen in den Universitätsstädten und manchen sonstigen größeren Orten wissenschaftliche Gesellschaften und Vereine, denen die Fachgenossen als Mitglieder angehören; durch Vorträge in den öffentlichen Sitzungen dieser Gesellschaften ist Gelegenheit gegeben, über neue Ergebnisse zu berichten und sie vor der engeren Fachwelt zur Diskussion zu stellen. Durch solche Vorträge wird aber in der Regel doch nur eine örtliche Bekanntmachung der Ergebnisse erreicht. Weitere Kreise schon können auf den jährlich tagenden Fachkongressen der verschiedenen Länder informiert werden. In jedem Land treffen einmal im Jahr auf die Dauer einiger Tage Angehörige eines bestimmten Sonderfachs, also etwa Anatomen oder Physiologen oder Vererbungsforscher je untereinander, zusammen und besprechen in Vorträgen und Diskussionen die Ergebnisse des abgelaufenen Jahres; überdies bieten diese Zusammenkünfte den einzelnen Forschern Gelegenheit, Verfahren oder Objekte, von denen sich in einer Beschreibung kein erschöpfendes Bild entwerfen läßt, unmittelbar vorzuführen (z. B. lebende Tiere, Filme. Operationen, Apparate). Außerdem tagen in größeren zeitlichen Abständen, gewöhnlich von 3 zu 3 Jahren, *internationale* Kongresse, bei welchen nebst den Berichten über neue Einzelergebnisse vor allem die gemeinschaftliche Diskussion aktueller großer Probleme in den Vordergrund tritt. Je weiter gespannt die Teilnahmemöglichkeit an einem Kongreß ist, desto mehr Gelegenheit zu heftigem Meinungsstreit besteht und wird oft genug weidlich ausgenützt; denn nirgendwo anders können die Forscher ihre Argumente so lebhaft und wirksam gegeneinander vorbringen als vor dem Forum der versammelten Fachkundigen, denen ja in letzter Linie auch die Urteilsentscheidung obliegt. Aus diesem Grunde geht die öffentliche wissenschaftliche Diskussion auch nicht darauf aus, den Gegner, sondern die Hörer zu überzeugen. Den Gegner nimmt man sich lieber unter vier Augen vor. In privatem Beisammensein mit ihm sucht man die bestehenden Widersprüche aufzuklären und zu bereinigen, und es ist Tatsache, daß häufig ein hartnäckig festgefahrener wissenschaftlicher Streit von Jahren durch eine mündliche Aussprache von einigen Minuten reibungslos aus der Welt geschafft werden kann, besonders dann, wenn der ganze Streit offensichtlich einem Mißverständnis entsprungen war.

Mündlichen Vorträgen fällt die Aufgabe zu, auf neue Ergebnisse hinzuweisen, eine erste Erörterung anzubahnen und unter Umständen Beweismaterial zu demonstrieren; nicht mehr. Die exakte, umfassende und ausreichend belegte Mitteilung der Ergebnisse aber bleibt der *schriftlichen* Veröffentlichung vorbehalten. Wo und wie veröffentlicht man?

Zunächst wo? Es ist ein verbreiteter Irrtum, zu glauben, daß einer, der etwas Bedeutsames gefunden hat, darüber gleich ein Buch schreibt. In ihrer überwiegenden Mehrzahl werden die wissenschaftlichen Ergebnisse, und zwar ohne Rücksicht auf ihre Bedeutsamkeit, in der anspruchsloseren Form von Zeitschriftenartikeln niedergelegt. Allerdings tragen die entsprechenden Zeitschriften nicht den Charakter jener Unterhaltungs- und Belehrungsblätter, die im Alltag unter dem Titel „Zeitschriften" erscheinen, sondern sind völlig auf den streng wissenschaftlichen Fachgebrauch zugeschnitten. Jede Fachdisziplin besitzt ihre eigene solche Zeitschrift oder auch deren mehrere, obwohl natürlich die Kompetenzbereiche sich in mannigfacher Weise überdecken. Das Fachgebiet ist im Titel der Zeitschrift genannt; so heißt der Titel also beispielsweise: „Zeitschrift für die gesamte Anatomie" oder „Archiv für Zellforschung" oder „Psychologische Forschung" u. ä. Die periodisch erscheinenden Hefte dieser Zeitschriften enthalten die Originalarbeiten, in welchen jeder Forscher seine eigenen Ergebnisse kritisch darstellt, belegt und in den Rahmen des bestehenden Wissensschatzes einfügt.

Da zwischen der Einreichung einer Arbeit zur Drucklegung und dem Erscheinen gewöhnlich etliche Monate verstreichen, hat sich vielfach der Brauch eingebürgert, einen kurzen Bericht, welcher die hauptsächlichen Ergebnisse in dogmatischer Fassung vorbringt, als „vorläufige Mitteilung" sofort ausdrucken zu lassen und die ausführliche Veröffentlichung später nachzuholen. Dieser Brauch hat seine Vor- und Nachteile. Es ist bei dem großen Umfang wissenschaftlicher Tätigkeit, zumal wenn es sich um Arbeit an Problemen handelt, die gerade aktuell sind, ein begreifliches und in der Tat nicht ungewöhnliches Vorkommnis, daß an mehreren Stellen unabhängig über die gleiche Sache gearbeitet wird. Gelangen verschiedene Forscher dabei zu entgegengesetzten oder doch zumindest nicht vereinbaren Resultaten, dann bleibt die Entscheidung, welcher von ihnen im Recht ist, der Zukunft vorbehalten. Wenn aber beide zu übereinstimmenden Ergebnissen gelangen, dann meldet sich gern ein Anflug von Rivalität. Man sollte meinen, daß jeder von beiden sich über die

Übereinstimmung zu freuen hätte. Aber daß sie den Ruhm der Erstentdeckung auch teilen müssen, überschattet bedenklich ihre Entdeckerfreude. Man hat von der furchtbaren seelischen Niedergeschlagenheit gehört, die Scott befiel, als er am Südpol ankam und die Fahne Amundsens dort vorfand; die Freude am Gelingen wird durch die Enttäuschung des Überholtwordenseins völlig überwogen. Derartige Fälle ereignen sich im kleinen immer wieder. Und da noch dazu die Allgemeinheit in ganz und gar unbilliger Bewertung ihre Bewunderung nur an den Erstangelangten verschwendet, ist es nicht verwunderlich, wenn man parallele wissenschaftliche Tätigkeiten oft in ein förmliches Wettrennen ausarten sieht. Ist der Vorsprung des einen vor dem anderen aber am Ende nicht zweifelsfrei ausgeprägt, dann ist einer der unerquicklichsten Erscheinungen des wissenschaftlichen Lebens Tür und Tor geöffnet: dem Prioritätsstreit. Mag man diesen, wo materielle Interessen berührt erscheinen, noch eher entschuldigen — auf geistigem Gebiet ist er höchst unerfreulich; denn die Wahrheitsliebe, unter deren Vorwand man ihn zu rechtfertigen sucht, deckt nur höchst mangelhaft die eigentlichen Triebkräfte im Hintergrund: Ehrgeiz und Eitelkeit. Immerhin muß man mit dem Prioritätsrecht als einer gegebenen Tatsache rechnen und darf deshalb einer unverzüglichen Veröffentlichung eines neuen Ergebnisses keine Hemmnisse in den Weg legen. Der Nachteil ist nur, daß dann oft vor lauter Eile, um ja nicht zu spät zu kommen, unreife, unfertige, unüberlegte Dinge gedruckt werden, welche später den Autor selbst oder jene gutgläubigen anderen, die sie für bare Münze genommen haben, reuen.

Einer wirklich ernsthaften Berücksichtigung bleiben demnach immer nur die ohne Hast verfaßten ausführlichen Berichte würdig. Auch diese aber selbstverständlich nur unter der Voraussetzung, daß sie in einer Weise abgefaßt sind, die dem Leser eine selbständige Beurteilung ermöglicht. Dinge zu erzählen, die man ebensogut glauben kann wie nicht, ist nicht die richtige Art. Vielmehr muß der ganze Aufbau einer wissenschaftlichen Arbeit schon so angelegt sein, daß der Weg, auf welchem die Ergebnisse gewonnen worden sind, klar erkennbar wird; das verwendete Material, seine Herkunft, Behandlung und Anzahl, die angewendeten Methoden, die etwaigen Mißerfolge und Abweichungen, alles das muß so ausführlich, als es zur Beurteilung der Ergebnisse nötig ist, beschrieben werden. Wo man sich auf Ergebnisse anderer Forscher beruft, sei es zur Stützung der eigenen, sei es zur Widerlegung fremder Ansichten, müssen die betreffenden Arbeiten und der Ort, wo sie zu finden sind, genau zitiert werden. Versuchsprotokolle, Zahlentabellen, Kurven, Photogramme und Zeichnungen müssen als Belege des Tatbestandes und zur Erläuterung beigefügt werden.

Besonders angenehm und flüssig lesbar wird ja ein Artikel durch alle diese trockenen Zutaten nicht gerade, aber seine Aufgabe ist ja auch keine belletristische, sondern eine nüchtern sachliche. Sprachlich muß Schönheit des Ausdruckes und stilistische Feinheit hinter der Forderung nach Klarheit und Unmißverständlichkeit unbedingt zurücktreten. Übrigens ist möglichste Einfachheit des Stiles in wissenschaftlichen Arbeiten schon deshalb geboten, damit den fremdsprachigen Forschern das Lesen nicht zu sehr erschwert werde; denn die hauptsächlichsten Veröffentlichungen erscheinen in einer der vier Weltsprachen, deutsch, englisch, französisch oder italienisch, und man kann keinem Forscher zumuten, alle diese Sprachen in solchem Grade zu beherrschen, daß ihm eine blütenreiche und gewundene Stilisierung keine Schwierigkeiten bereitete.

Die Rücksicht auf die allgemeine Verständlichkeit erfordert auch einen reichlichen Gebrauch von Fremdwörtern lateinischen oder griechischen Ursprungs, da solche ja meistens in allen Sprachen in gleichem Sinne in Geltung sind oder doch wenigstens ohne Mißdeutung verstanden werden. Noch ein zweiter Beweggrund für die Anwendung von Fremdwörtern besteht: Während die Ausdrücke des täglichen Sprachgebrauches hinsichtlich ihres Geltungsbereiches meist wenig klar umschrieben sind, kann man ein Fremdwort bewußt mit einem bestimmten Begriffsinhalt in völlig eindeutiger Weise füllen; man kann also bestimmte Tatbestände, von denen wiederholt gesprochen werden muß, anstatt sie bei jeder Erwähnung jedesmal langatmig aufzuzählen, mit einem einzigen, unter Umständen selbstgeformten Fremdwort wie mit einem Namen benennen und fortan unter diesem Namen ins Gedächtnis rufen. Wenn man etwa von Hormon spricht, so meint man in unmißverständlicher Weise alle Eigenschaften, die man diesem Begriff bei seiner Definition aufgepackt hat, während spätere Rückübersetzungen wie „Reizstoff" oder „Botenstoff" verschwommenere Vorstellungen wecken. In seltenen Fällen gehen auch Ausdrücke einer lebenden Sprache in bestimmter Bedeutung in den wissenschaftlichen Sprachschatz einer anderen Sprache über, wie z. B. das deutsche Wort „Anlage" (als Bezeichnung für das erste sichtbare Stadium einer Organbildung) ins Englische. So sehr also auch dem Unbeteiligten die trockene, oft weitschweifige und mit Fremdwörtern gespickte Sprache der wissenschaftlichen Abhandlungen zum Greuel werden mag, diejenigen, für die die Arbeiten bestimmt sind, wissen sie zu schätzen. Im übrigen wird durch eine vom Verfasser selbst am Schluß seines Artikels angefügte Zusammenfassung des Inhaltes jedem, dem für eine eingehende Befassung mit dem Inhalt Zeit oder Interesse fehlt, die Möglichkeit geboten, oberflächlich von den Ergebnissen Kenntnis zu nehmen.

Das fertiggestellte Manuskript geht an die Herausgeber der einschlägigen Zeitschrift, in der Regel Gelehrte von Ruf; sie haben über Annahme oder Ablehnung der Veröffentlichung zu entscheiden; auch im Falle der Annahme eines Artikels kommt ihnen aber keine Verantwortlichkeit für die Richtigkeit des Inhaltes zu.

Die Drucklegung belästigt den Verfasser noch einige Male; denn das Lesen der Druckkorrekturen und die Beseitigung der Druckfehler ist eine Obliegenheit, die viel Zeit und Aufmerksamkeit kostet, ohne gerade anregend genannt werden zu können. Den zähen Kampf gegen den tückischen Druckfehlerteufel ficht man am besten doch persönlich durch, da andere, sachlich nicht völlig eingeweihte Personen, denen man ja das Korrekturlesen überantworten kann, dem Feind mitunter in die Schlinge gehen müssen: wenn statt „Forschergeneration" „Froschregeneration" oder statt „Endkelchen"

„Enkelchen" gedruckt steht, merkt natürlich auch der Fremde den Fehler; wenn es aber von einem Versuch heißt, „der Nerv wird elektrisch geheizt" statt „gereizt", oder Behaarung als „zeitweilig" statt „zweiteilig" beschrieben wird, oder von „verpflanzten Orangen" statt „Organen" gesprochen wird, dann kann ein mit der Sache weniger Vertrauter den Irrtum ganz gut übersehen.

Nach der Fertigstellung des Druckes erhält der Verfasser eine gewisse Anzahl von Sonderdrucken seiner Arbeit, als Einzelexemplare geheftet, zur Verfügung gestellt; mit diesen Sonderdrucken beteilt der Verfasser dann seine engeren Fachgenossen, um ihnen die Einsicht in die Arbeit zu erleichtern. Der wechselseitige Schriftenaustausch ist eine außerordentlich vorteilhafte Sitte; denn es wird dadurch viel Zeit und Mühe gespart, die sonst auf das Aufstöbern der Schriften in den Bibliotheken verwendet werden müßte, abgesehen davon, daß ja die weniger gangbaren Zeitschriften oft nur unter großen Schwierigkeiten aufgetrieben und beschafft werden können. Trotzdem kann natürlich immer nur ein verschwindend kleiner Teil der Fachgenossen mit Sonderdrucken beteilt werden, und die Mehrheit bleibt darauf angewiesen, die Arbeiten in den Zeitschriften, in denen sie im Zusammenhang enthalten sind, nachzuschlagen. Die geläufigen Zeitschriften werden von den öffentlichen Bibliotheken, von den Universitätsinstituten, Forschungsinstituten und auch von einzelnen Forschern selbst fortlaufend bezogen und sind an diesen Stätten zugänglich. Forschungsarbeit fern von solchen Stätten ist wegen der Schwierigkeit der Schriftenbeschaffung immer erschwert.

In den Zeitschriften, deren Charakter im vorigen geschildert wurde, erfolgt also, wie gesagt, die Veröffentlichung der wissenschaftlichen Ergebnisse, und zwar ohne Hervorhebung des Bedeutungsgrades; selbst der Titel, welcher die behandelte Sache genau zu bezeichnen, aber nicht zu propagieren hat, verrät nichts über die Wichtigkeit oder Unwichtigkeit des Inhaltes; man besehe sich nur einmal die Titel der Abhandlungen, die oben als Beispiele biologischer Werke genannt worden sind!

Eine völlig andere Rolle als die Zeitschriften spielen im wissenschaftlichen Leben die Bücher. Es kann sich, sobald die Ergebnisse jahrelang fortgeführter und fortlaufend veröffentlichter Teiluntersuchungen sich endlich zu einem gerundeten Ganzen schließen, die Notwendigkeit ergeben, diesem Ganzen nun auch die zusammenfassende gerundete Darstellung zu geben, die es verdient. Dann wird man ein Buch schreiben. Mit den Zeitschriftenartikeln werden in der Regel nur die engeren Fachangehörigen bekannt; Angehörige fremder Fächer können sich, auch wenn manche der Artikel ihr Interessengebiet berühren, dennoch nicht auf das eingehende Studium einlassen, welches das Lesen der Originalartikel erfordert. Ihnen bringt dann das Buch Hilfe, indem es aus den vielfältigen Einzelarbeiten das Wichtige unter einheitlichem Gesichtspunkt heraushebt und zu allgemeinen Schlüssen verarbeitet, in einer Weise, die auch dem mit den ganz speziellen Fachfragen nicht restlos Vertrauten das Verständnis ermöglicht. Schließlich hat der Forscher, der die Darstellung seiner tatsächlichen Ergebnisse in den Zeitschriftenabhandlungen nicht durch theoretisches Beiwerk ungebührlich beschweren will, selbst auch das Bedürfnis, die theoretische Verarbeitung seiner Einzelergebnisse einmal in ausführlicher Form niederzulegen und das geistige Band, welches in seiner Vorstellung das viele einzelne zu einer organischen Konstruktion verbindet, auch für die anderen ersichtlich werden zu lassen. Ob ein Forscher ein Buch verfaßt oder nicht, hängt also im wesentlichen von der Eigenart seines Betätigungsfeldes und von dem Grad seiner Neigung zum Theoretisieren ab; keineswegs aber ist Bücherschreiben ein Maß für die Bedeutsamkeit eines Forschers, wie man in Laienkreisen vielfach meint. Eine Sonderstellung nehmen die Lehrbücher ein, die, wenn sie auch oft ein wissenschaftliches Glaubensbekenntnis ihres Verfassers enthalten, doch in ihrem Charakter hauptsächlich durch den Lehrzweck bestimmt sind.

Je umfangreicher, desto unpersönlicher wird die Wissenschaft. Je unpersönlicher sie aber wird, desto seltener wird das Buch als Einzelwerk. Die enorme Menge und Vielfältigkeit wissenschaftlicher Teil- und Kleinarbeit beginnt unüberschaubar zu werden und fordert zusehends gebieterischer, was früher der Wissenschaft fremd war: Organisation. Referatenblätter, großzügig angelegte Handbücher, periodische Übersichtsberichte müssen helfen, die schwellende Masse zu bewältigen; wir haben eingangs davon gesprochen.

Wir waren von der Bibliothek ausgegangen, wir sind in die Bibliothek zurückgekehrt; unser Rundgang ist beendet. Möge er erreicht haben, was zu erreichen seine Absicht war: Verständnis für die Tätigkeit des Forschers!

Verständliche Wissenschaft